全国中等职业教育"十三五"机械工程规划教材

机械制图项目式教程

主　编	林健清	赵丽萍	唐整生
副主编	林茂兴	陈　婷	李　林
主　审	郑健容	张秀霞	张　弢
编　委	孔岭岚	曾淑萍	林锦榕
	李　威	胡晓梅	郑健容
	张琴华	张秀霞	迟远霞
	王虞锦	黄永涛	余生涛

U0316887

中国铁道出版社有限公司

CHINA RAILWAY PUBLISHING HOUSE CO., LTD.

内 容 简 介

本书根据职业学校培养生产一线技能专门人才的目标,参照教育部制定的"职业学校工程制图课程教学基本要求",调研和总结多所职业学校"机械制图"教学改革的经验和成果编写而成,并根据当前多数职业学校机械制图课程的总学时的特点来精选教学内容和体系。

根据职业教育的性质和培养目标,本书以项目教学法为主线,加强了读图、测绘草图的训练。全书内容主要包括平面图、三视图与轴测图、零件图与装配图和机械零件测绘 4 部分,含 16 个项目 35 个任务,同时配套综合实训平台,数字化教学资源、机械制图教学辅助软件(手机 app 的师生教学互动系统)。本教材最大特点是由传统教学转变为以企业岗位实践为依据的"行动导向"的教学,即"理虚实一体化"的教学。

本书适用于职业学校机械类和近机类约 80~200 学时的制图课程教学使用,也可作为非机类各专业制图教学及机械工程类技术人员自学使用。

图书在版编目(CIP)数据

机械制图项目式教程/林健清,赵丽萍,唐整生主编.—北京:
中国铁道出版社,2018.8(2019.7 重印)
全国中等职业教育"十三五"机械工程规划教材
ISBN 978-7-113-24869-7

Ⅰ.①机… Ⅱ.①林… ②赵… ③唐… Ⅲ.①机械制图-中等
专业学校-教材 Ⅳ.①TH126

中国版本图书馆 CIP 数据核字(2018)第 186291 号

书　　名:机械制图项目式教程
作　　者:林健清　赵丽萍　唐整生　主编

策划编辑:曾露平　　　　　　读者热线:(010)63550836
责任编辑:曾露平
封面设计:刘　颖
责任校对:张玉华
责任印制:郭向伟

出版发行:中国铁道出版社有限公司(100054,北京市西城区右安门西街 8 号)
网　　址:http://www.tdpress.com/51eds/
印　　刷:三河市航远印刷有限公司
版　　次:2018 年 8 月第 1 版　　2019 年 7 月第 2 次印刷
开　　本:787 mm×1 092 mm　1/16　印张:13.75　字数:343 千
书　　号:ISBN 978-7-113-24869-7
定　　价:38.00 元

前　　言

职业学校培养生产一线技能专门人才的目标,决定了它不需要像大学本科培养人才那样要求掌握系统、全面的理论,但要有比大学本科更完整、更熟练的实践技能。作为机械类各专业基础技术课之一的"机械制图"课程,其教学改革应根据各专业教学计划中给予本课程的实际情况来精减并更新教学内容和体系,其投影理论(点线面、截交线和相贯线等)应以必需、够用为度,并从体出发、以体为纲,加强读图、绘制草图的训练;同时适当降低零部件测绘的难度。全书贯彻最新的《技术制图》、《机械制图》等国家标准,以适应学生学习后继课程及提前进行金工实训的读图与手工绘图的需要。由于本课程的实践性很强,为保证教学效果,必须安排一定数量的课内习题和作业课及考查考试,所以,以项目教学法为主线,精选教材内容,叙述问题开门见山,以图说图,图文并茂。为提高教学效率,本书配有综合实训平台,还配有数字化教学资源、机械制图教学辅助软件(手机 APP 的师生教学互动系统),授课时可根据教材不同部分的性质特点,兼容多媒体教学和传统教学手段各自的优势,用最佳的方式进行教学,即在教授形象思维和逻辑思维较强的投影原理并逐步建立空间概念的阶段时(如教授投影法和点线面截交线和相贯线、组合体和读图法等时),以采用项目教学方法和"理虚实一体化"的教学方法(直观的语言、逻辑的推理、手势的比拟、图物的对应,边讲解边作图边小结,由简至繁、由浅入深地开发和培养学生的空间想象能力和空间思维能力)为主,以多媒体教学为辅;当学生已具备了一定的空间概念和图形思维能力之后,在教授国家标准规定画法和简化画法、标准件和常用件、零件图和装配图的作用和内容等知识性、介绍性的教学内容时(尤其对于展现机械生产过程,如零件的加工和部件的装配及其零部件的工艺结构等内容),为提高教学效率应以多媒体教学为主。

本书根据教育部制定的"职业学校机械制图课程教学基本要求"并参照教育部工程图学教学指导委员会新制定的"普通职业学校机械图学课程教学基本要求",结合职业技术学校培养生产一线技能专门人才的目标,调研和总结海峡两岸 35 所职业技术学校"机械制图"、"工程图学"课程教学改革的经验和成果编写而成,并根据当前我国多数职业学校专业教学计划,结合本课程的总学时的实际情况来精选教学内容和体系。

根据职业教育培养技能型人才的目标,在本书编写中注意知识、素质、能力的全面培养,并突出工程应用,强调创新思维能力的训练。

本书由林健清、赵丽萍、唐整生主编,郑健容、张秀霞、张弢主审。限于编者水平和时间匆促,书中难免存在错误和不足,恳请广大读者批评指正。

参加本书编写的人员及学校见下表:

编写内容	学 校	编 者
主 编	福建工业学校、厦门工商旅游学校、厦门海洋职业技术学院	林健清、赵丽萍、唐整生
项目1-1	福建工业学校	林健清、陈婷、孔岭岚
项目1-2	福建工业学校	林健清、陈婷、孔岭岚
项目1-3	福建第二轻工业学校	曾淑萍
项目2-1	厦门工商旅游学校	赵丽萍、李威
项目2-2	厦门市集美职业技术学校	胡晓梅
项目2-3	福建工业学校	林健清、陈婷、孔岭岚
项目2-4	福建工业学校	林健清、陈婷、孔岭岚
项目3-1	福建工业学校	林健清、陈婷、孔岭岚
项目3-2	福州机电工程职业技术学校	郑健容、张琴华
项目3-3	龙岩华侨职业中专学校	张秀霞
项目3-4	晋江职业中专学校	迟远霞
项目3-5	福建理工学校	王虞锦
项目3-6	集美工业学校	李林
项目3-7	厦门市集美职业技术学校	胡晓梅
项目4-1	南平市农业学校	林茂兴
项目4-2	杭州市临安区职业教育中心、宁德技师学院、福建建筑学校	黄永涛、余生涛、林锦榕

本书编写的主要工作由福建工业学校零部件测绘与 CAD 成图技术国家级大赛金牌指导老师林健清主持。

编 者

2018 年 7 月

目 录

绪　　论

1. 图样的内容和作用

在工程技术中为了正确的表示出机器、设备及建筑物的大小、形状、规格和材料等内容,通常将物体按一定的"投影方法"和技术规定表达在图纸上,称之为工程图样。在机械生产中常用的图样统称机械图样(零件图和装配图)。图样与语言、文字一样都是人类表达、交流思想的工具。

在机械工程上常用的图样是装配图和零件图。在设计和改进机器设备时,要通过图样来表达产品的形状、结构、大小、材料、技术要求等设计信息;在制造机器过程中,无论是制造毛坯还是加工、检验、装配等各个环节,都要以图样作为依据。在使用机器时,也要通过图样来帮助了解机器的结构与性能。因此,图样是设计、制造、使用机器过程中的一种主要技术资料。图样被认为是工程上的一种"语言",是制造业最重要的技术信息。

2. 机械制图课程的性质

人们在工厂里经常听到这样一句话,就是"按图加工"。一切机器和机械设备都是根据机械工程图样进行制造和装配,机械制图就是研究机械图样绘制和识读的一门课程,是工科专业必修的一门技术基础课程,学习本课程的目的就是要掌握绘制和阅读机械工程图样的理论、方法和技术技巧,具备正确绘制和阅读机械工程图样的能力。

3. 机械制图课程的主要内容

掌握几何造型、投影制图的理论和方法,熟悉机械制图的国家标准,能熟练掌握徒手绘图、运用仪器绘图和计算机绘图技术,正确绘制满足设计和制造要求的机械工程图样。

(1)通过课堂、课后练习和实践的结合,确保投影理论基础、构型设计基础、表达方法基础、绘图能力基础、制图规范基础等基础内容的教学。

(2)按照机械设计的要求学习机械制图,学习和掌握零部件的形状和结构设计,在图样上表达相关的加工和装配工艺、极限与配合、形位公差等基础知识,通过案例分析,应用所学的知识分析和解决零部件的设计表达方法,能够正确绘制和阅读符合生产要求的机械图样。

(3)机械制图课程体系结构:点 → 线 → 面(基本体形体) → 组合体 → 零件(零件图) → 部件(装配图)。

4. 机械制图课程的学习方法

本课程的特点是既有系统的理论知识,又具有很强的实践性,同时要求具备较强的空间想象和分析能力。因此,学习过程中应注意以下几点:

(1)自始至终把物体的投影(平面图形)与物体的空间形状紧密联系,不断地"由物得图"和"由图想物",逐步提高空间想象力和思维能力。图 0-1(a)所示为一球阀结构示意图,图 0-1(b)为其对应的装配图。

(2)要重视实践,做到学与练相结合,课后要认真完成相应的习题或作业,通过画图训练促进读图能力的培养。

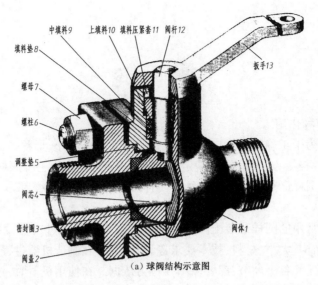

(a) 球阀结构示意图

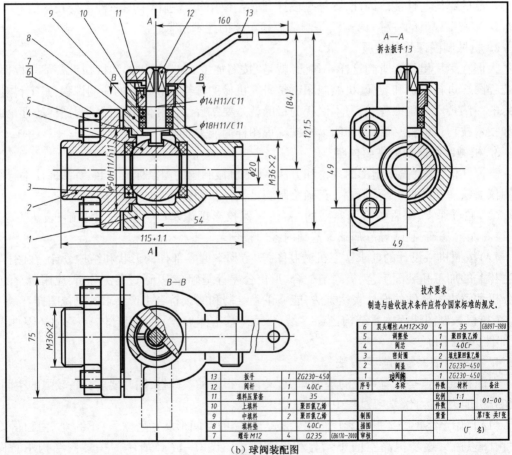

(b) 球阀装配图

图 0-1

(3) 工程图样是国际上通用的工程技术语言,画图时必须养成一丝不苟、严谨细致的学习作风。熟悉并严格遵守制图的有关国家标准。

第一部分 平 面 图

平面图是现代工业生产中的重要技术资料,也是工程界交流技术的共同语言,具有严格的规范性。本部分主要由三个项目组成,分别为:绘图工具的使用方法、学习机械制图国家标准和绘制简单平面图。

通过三个项目的学习,了解国家标准《技术制图》和《机械制图》的一般规定,掌握平面图的分析方法和绘制方法。

想一想:如图 1-1-1 所示,立体图与平面图在表达形体上各有何优势?

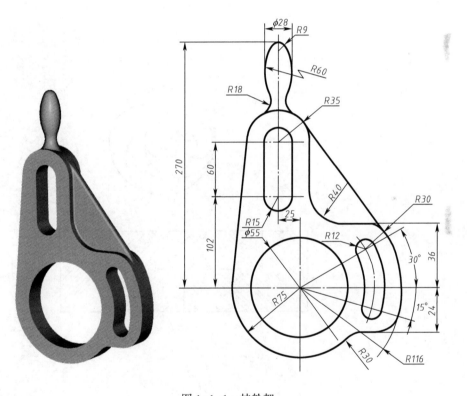

图 1-1-1 挂轮架

项目 1-1　绘图工具的使用方法

 任务　掌握绘图工具的使用方法

任务	掌握绘图工具的使用方法
目的	1. 了解绘图所需的常用工具,掌握它们的使用方法 2. 熟练使用各种绘图仪器来完成绘图任务
要求	1. 准备好绘图工具 2. 抄画下列图线,熟练掌握绘图工具的使用,保持整洁的绘图环境
后记	

知识点

- 常用绘图工具的使用。

技能点

- 能正确使用常用绘图工具。
- 能应用常用绘图工具绘制简单平面图形。

任务分析

　　手工绘制机械图样,需要使用绘图工具。常用的绘图工具有图板、丁字尺、三角板、曲线板、比例尺、分规和圆规等,能正确使用常用的绘图工具是绘制机械图样的基础。

　　本次任务主要介绍制图过程中所用到的各种尺规绘图工具的使用方法,讲解图板、丁字尺、三角板等工具的配合使用方法,以便绘制出任务书上要求的简单图形。学生通过练习掌握常用的尺规绘图工具的使用方法。

知识准备

1. 图板、丁字尺、三角板

　　图板画图时用来固定图纸,要求表面平坦光洁;又因它的左(右侧)边用作导边,所以左(右侧)边必须平直。

　　丁字尺是画水平线的长尺。丁字尺由尺头和尺身组成,画图时,应使尺头靠着图板左侧的导边。画水平线必须自左向右画,如图1-1-2所示。

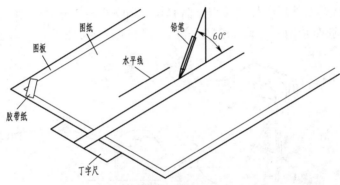

图 1-1-2　图板和丁字尺

　　一副三角板有两块,一块是45°三角板,另一块是30°和60°三角板。绘制机械图样时,三角板配合丁字尺画铅垂线和其他倾斜线。用一块三角板能画与水平线成30°、45°、60°的倾斜线。用两块三角板能画与水平线成15°、75°、105°和165°的倾斜线,如图1-1-3所示。

2. 圆规和分规(见图1-1-4)

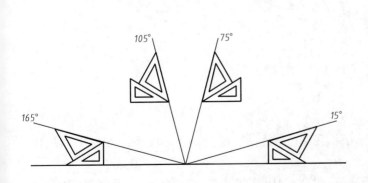

图 1-1-3　用两块三角板与丁字尺配合画倾斜线

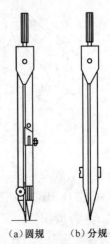

(a)圆规　(b)分规

图 1-1-4　圆规和分规

（1）圆规

圆规用来画圆和圆弧。圆规的一个脚上装有钢针,称为针脚,用来定圆心;另一个脚可装铅芯,称为笔脚。

在使用前应先调整针脚,使针尖略长于铅芯,如图 1-1-5 所示。笔脚上的铅芯应削成楔形,以便画出粗细均匀的圆弧。

画图时圆规向前进方向稍微倾斜;画较大的圆时,应使圆规两脚都与纸面垂直,如图 1-1-5(a)所示。

（2）分规

分规是用来等分和量取线段的。分规两脚的针尖在并拢后,应能对齐,如图 1-1-4(b)所示。

3. 曲线板

曲线板是用来绘制非圆曲线的。首先要定出曲线上足够数量的点,再徒手用铅笔轻轻地将各点光滑地连接起来,然后选择曲线板上曲率与之相吻合的部分,分段画出各段曲线。注意各段曲线的首尾相接处应有一小段重合,这样曲线才显得光滑,如图 1-1-6 所示。

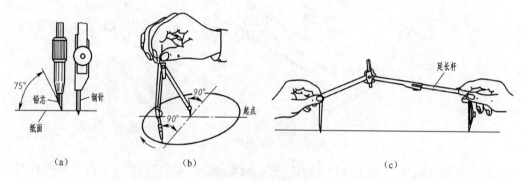

图 1-1-5　圆规的用法

图 1-1-6　曲线板作图

4. 铅笔

铅笔分硬、中、软三种。

标号有:6H~H、HB、B~6B 等十几种。B（Black）:黑、软, H（Hard）:硬。6H 为最硬,HB 为中等硬度,6B 为最软。

画图时,通常用 H 或 2H 铅笔画底稿;用 B 或 HB 铅笔加粗、加深全图;写字时用 HB 铅笔。

2H、H、HB 铅笔:修磨成圆锥形;B 铅笔:修磨成扁铲形。

铅笔削法如图 1-1-7 所示。铅笔应从没有标号的一端开始使用，以便保留软硬的标号。

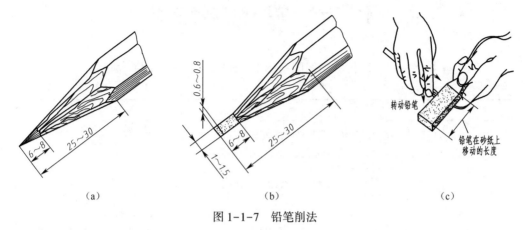

（a）　　　　　　　　　　（b）　　　　　　　　　　（c）

图 1-1-7　铅笔削法

5. 图纸

（1）绘图纸应质地坚实，用橡皮擦拭不易起毛。

（2）必须在图纸的正面画图。识别方法是用橡皮擦拭几下，不易起毛的一面即为正面。

（3）画图时，将丁字尺尺头靠紧图板，以丁字尺下缘为准，将图纸摆正，然后绷紧图纸，用胶带将其固定在图板上。当图幅不大时，图纸宜固定在图板的左下方，图纸下方留出足够放置丁字尺的地方，如图 1-1-8 所示。

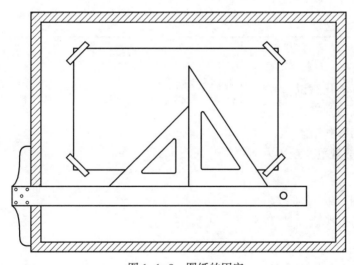

图 1-1-8　图纸的固定

任务实施要求

完成任务书指定任务，任务实施要求如下：

（1）教师统一讲解任务内容，演示并指导任务实施过程。

（2）学生根据任务表具体要求完成任务。

（3）教师归纳、总结任务完成情况。

（4）学生分享完成任务的心得体会。

项目 1-2 学习机械制图国标

任务书 **任务 1-2-1 学习机械制图国家标准**(图框、标题栏绘制)

任务	图框、标题栏的绘制
目的	1. 掌握国家标准中有关图幅、图框、标题栏、比例、字体等基本规定 2. 能初步树立起各级标准是技术法规的标准化意识
要求	在 A4 图纸中抄画下图学生用标题栏,保持整洁的绘图环境 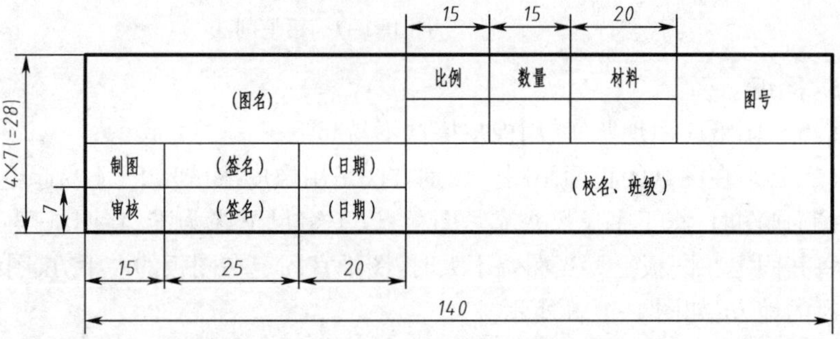
后记	

知识点
- 初步树立标准化意识。
- 常用图纸幅面及格式。
- 标题栏的内容和格式。
- 比例、字体的规范及规则。

技能点
- 能正确选用图纸。
- 能规范填写标题栏。

任务分析

本任务主要涉及机械制图国家标准的一般规定(图幅、比例、字体)。利用绘制图纸的图框、标题栏使学生学会应用国家标准,让学生在做中学、学中做,了解这些规定的具体应用。在任务实施过程中,强调自主、合作的学习气氛。

知识准备

为了适应生产、管理,建立最佳经济秩序,获得最佳社会经济效益和便于准确无误地进行国内外技术交流,国家质量技术监督检验检疫总局,制定并颁布了《技术制图》和《机械制图》国家标准。统一规定了我国有关生产和设计部门须共同遵守的制图基本准则和规则,所以,每个工程技术人员必须确立标准化意识,了解和熟识有关制图标准中的相关规定。

《技术制图》是我国的基础技术标准之一,它包括机械制图、工程建筑制图、电器制图和其他制图四类。这里仅介绍国家基础标准中的《技术制图》和《机械制图》中的图幅、比例、字体、图线、尺寸等一般规定。

我国现执行 GB/T 14689—2008 标准。其中"GB"为国家标准代号;"T"表示本标准为推荐执行;"14689"为该标准批准顺序号;"2008"为标准颁布的年份。

(一)图纸幅面及格式(根据 GB/T 14689—2008)

1. 图纸幅面尺寸及代号

图纸幅面是指图纸的宽度与长度($B×L$)围成的图纸面积。图纸幅面有基本幅面(首选)、加长幅面(第二选择)、加长幅面(第三选择)3 类。其各自幅面的尺寸规格及彼此间的关系,如图 1-2-1 所示。

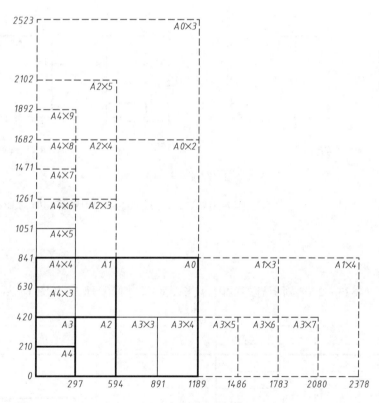

图 1-2-1　图纸幅面

绘制技术图样时优先采用表 1-2-1 所示基本幅面尺寸。必要时,允许采用第二选择的加长幅面所规定的幅面尺寸,加长幅面尺寸是由基本幅面的短边成整数倍增加后得出的。

2. 图框格式

图框是图纸上限定绘图区域的线框。图纸上必须用粗线画出图框,图样画在图框内部,其格式分留装订边和不留装订边两种,如图 1-2-2 所示。但同一产品的图样只能采用同一种格式。绘制图样时,留装订边或不留装订边均可横放或竖放,装订图样时一般采用 A4 幅面竖放或 A3 幅面横放。

图 1-2-2 中 a、c、e 尺寸的大小根据图纸幅面大小不同而不同,其尺寸规格详见表 1-2-1。

表 1-2-1　幅面尺寸规格

基本幅面(首选)					
幅面代号	A0	A1	A2	A3	A4
$B×L$	841×1 189	594×841	420×594	297×420	210×297
c	10			5	
a	25				
e	20		10		

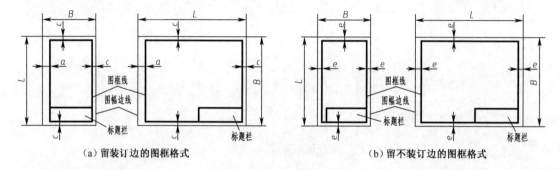

　　（a）留装订边的图框格式　　　　　　　　　　（b）留不装订边的图框格式

图 1-2-2　图幅及其图框格式

加长幅面的图框尺寸按比所选的基本图幅大一号的图框尺寸确定。如 A3×4 的图框应按 A2 的图框尺寸确定。

记住 A4、A3 幅面的尺寸,注意其他基本幅面尺寸与 A3 幅面间的关系。

(二) 标题栏

国标 GB/T 14689—2008 对标题栏的内容、格式和尺寸做了规定,如图 1-2-3 所示。

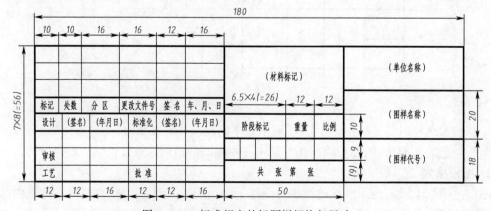

图 1-2-3　标准规定的标题栏规格与尺寸

1. 标题栏的内容

标题栏是由名称、代号、签字区、更改区和其他区组成的栏目,如图1-2-3所示。每张图纸都必须画标题栏。

2. 标题栏的方位

标题栏的方位一般有基本方位和允许方位,见表1-2-2。常用基本方位,一般是位于图纸的右下角,标准规定与标题栏规格与尺寸,如图1-2-3所示。

表1-2-2　标题栏的方位

	基本方位	允许方位 (一般用于预先印刷的图纸)	方向符号
X型图纸	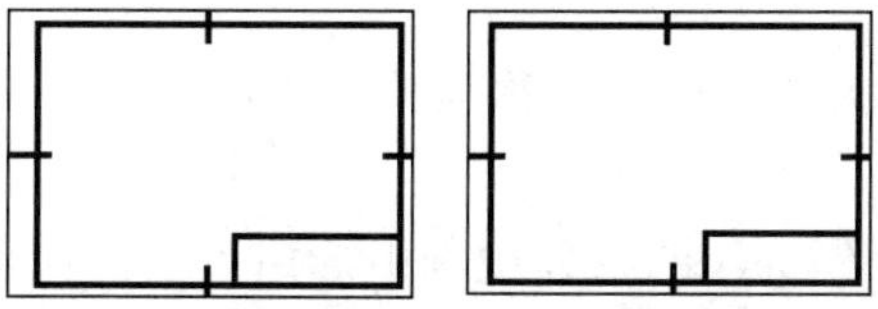 留装订边　不留装订边	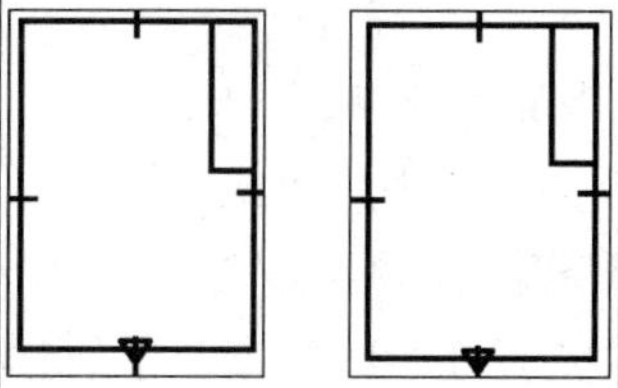	对于标题栏允许方位,为了明确绘图与看图时图纸的方向,应在图纸的下边对中线处画一个方向符号。 方向符号的尺寸及画法如下: 用细线绘制等边三角形　图框线 对中符号　图幅边线
Y型图纸	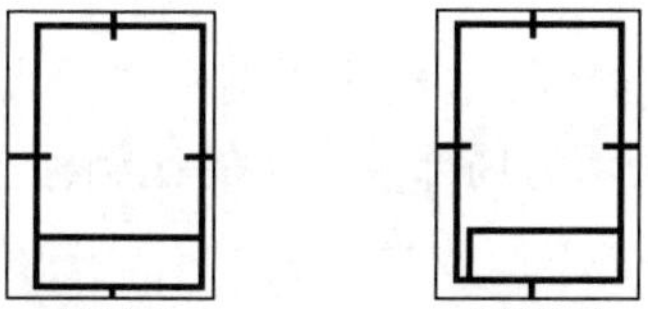 留装订边　不留装订边	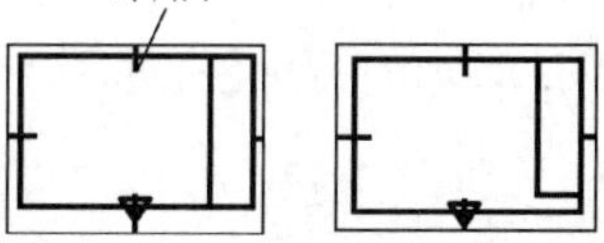 对中符号	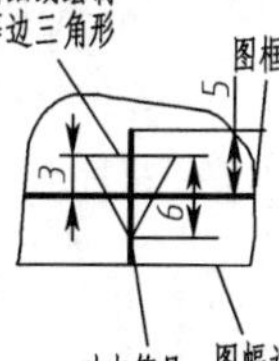
说明	看图方向与标题栏填写方向一致,不标注方向符号。	看图方向与标题栏填写方向不一致,须标注方向符号。	

当标题栏处于允许方位、看图方向与标题栏内文字填写方向不一致时,为使看图方便,必须用方向符号指示看图方向。标题栏的填写仍按常规处理。

3. 附加符号

①方向符号的位置及尺寸规格,如表1-2-2右侧所示。

②对中符号,为使图样复制和缩微摄影时定位方便,对表1-2-2所列的各号图纸均应绘制对中符号。对中符号是从图幅边线的各边中点处,分别用粗实线(线宽一般不小于0.5 mm)画入图框内约5 mm的一段粗实线,对伸入标题栏内的那部分不再画出。对中符号和方向符号的画法及位置,如表1-2-2所示。

注意:标题栏的方位与看图方向间的关系,及各种附加符号的应用。

(三)比例、字体(根据 GB/T 4689—2008)

1. 比例

比例的含义是图中线性尺寸与实物相应的线性尺寸之比。

图样比例分为原值比例、放大比例、缩小比例三种,如表 1-2-3 所示。

表 1-2-3　比例

种　类	优先选用的比例	允许选用的比例
原值比例	1 : 1	
放大比例	2 : 1　　　　5 : 1 $1 \times 10^n : 1$　$2 \times 10^n : 1$　$5 \times 10^n : 1$	2.5 : 1　　　4 : 1 $2.5 \times 10^n : 1$　$4 \times 10^n : 1$
缩小比例	1 : 2　　　1 : 5　　　1 : 10 $1 : 2 \times 10^n$　$1 : 5 \times 10^n$　$1 : 1 \times 10^n$	1 : 1.5　　1 : 2.5　　1 : 3　　1 : 4　　1 : 6 $1 : 1.5 \times 10^n$　$1 : 2.5 \times 10^n$　$1 : 3 \times 10^n$　$1 : 4 \times 10^n$　$1 : 6 \times 10^n$

注:n 为正整数。

比值为 1 的比例称为原值比例,如 1 : 1。比值大于 1 的比例称为放大比例,如 2 : 1。比值小于 1 的比例称为缩小比例,如 1 : 2。

绘制图样时,应根据实际需要从表 1-2-3 中优先选用的系列比例中选择适当的比例,一般应尽量按实物的实际大小(1 : 1)画图。不管图按什么比例绘图,但图样上的尺寸数值均应按原值比例标注。如图 1-2-4(a)所示的是按原值比例绘图,而图 1-2-4(b)是按缩小比例绘图,但均按原值比例标注尺寸。

同一物体的各视图应采用相同的比例,并将比例填写在标题栏的比例栏内。当某个视图需要采用不同比例表达时,必须另行标注,如图 1-2-5 所示为局部放大图的比例标注格式。

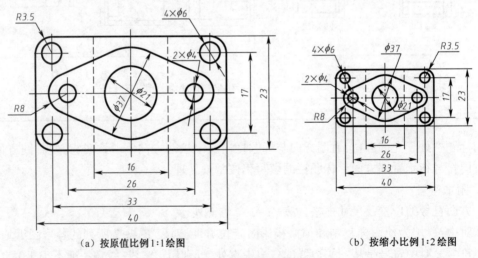

（a）按原值比例1:1绘图　　　　　　　　　（b）按缩小比例1:2绘图

图 1-2-4　按原值比例标注

2. 字体

图样中的字体是指图中文字、字母的书写形式。书写必须做到"字体工整、笔画清楚、间隔均匀、排列整齐"。

字体高度用 h 表示,单位为 mm。其公称尺寸系列为:1.8,2.5,3.5,5,7,10,14,20 八种。如需要更大的字,其字体高度应按 $\sqrt{2}$ 比率递增。

（1）汉字

汉字应写成直体长仿宋体，并应采用我国正式公布推行的简化字。字的高度不应小于 3.5 mm，其字宽一般为 $h/\sqrt{2}$ 。

长仿宋体字汉字的书写要领是：横平竖直、注意起落、结构匀称、填满方格。其基本笔画及其书写过程见表 1-2-4，书写示例如图 1-2-6 所示。

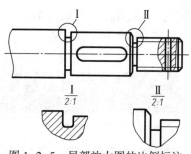

图 1-2-5　局部放大图的比例标注

表 1-2-4　长仿宋体的基本笔画

横	竖	撇	挑	捺	点
二	丿	分	刁	八	灬
横弯-横折	竖钩	横折钩	横弯钩	弯钩	特殊扁旁
乛乛	刂	刁	刁	亅	阝廴

字体工整、笔画清楚、间隔均匀、排列整齐。

14号字

横平竖直注意起落结构均匀填满方格

10号字

机械制图技术要求其余班级姓名

7号字

机电一体化齿轮油泵计算机辅助设计及绘图工业自动化

5号字

未注铸造圆角R3图中所有倒角为C2螺纹公差配合零件装配

图 1-2-6　长仿宋体字体实例

（2）字母和数字

字母和数字分为 A 型和 B 型两类，如图 1-2-7 所示。A 型字的笔画宽度为字高的 1/14。

B 型字的笔画宽度为字高的 1/10。在同一张图样上,只允许选用一种形式的字体。

(3)字体综合应用示例

(a)

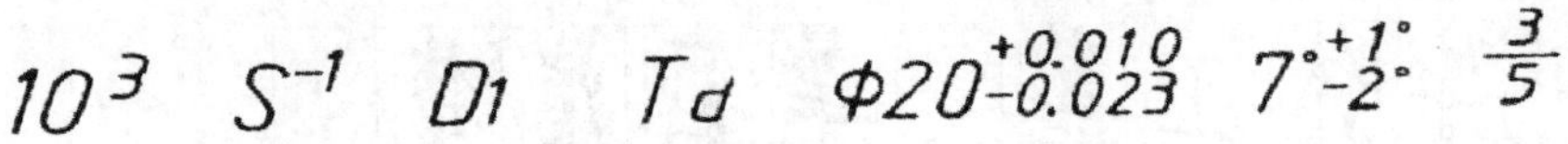

$$10^3 \quad S^{-1} \quad D_1 \quad T_d \quad \phi 20^{+0.010}_{-0.023} \quad 7°^{+1°}_{-2°} \quad \frac{3}{5}$$

(b)

图 1-2-7 字母与数字

任务实施要求

完成任务书指定任务,任务实施要求如下:

(1)教师统一讲解任务内容,演示并指导任务实施过程。

(2)学生根据任务表具体要求完成任务。

(3)教师归纳、总结任务完成情况。

(4)学生分享完成任务的心得体会。

任务书　**任务 1-2-2　学习机械制图国标**(线型练习)

任务	线型练习
目的	掌握国家标准中有关图线的基本规定
要求	根据国家标准中有关图线的基本规定,抄绘下图,完成线型练习 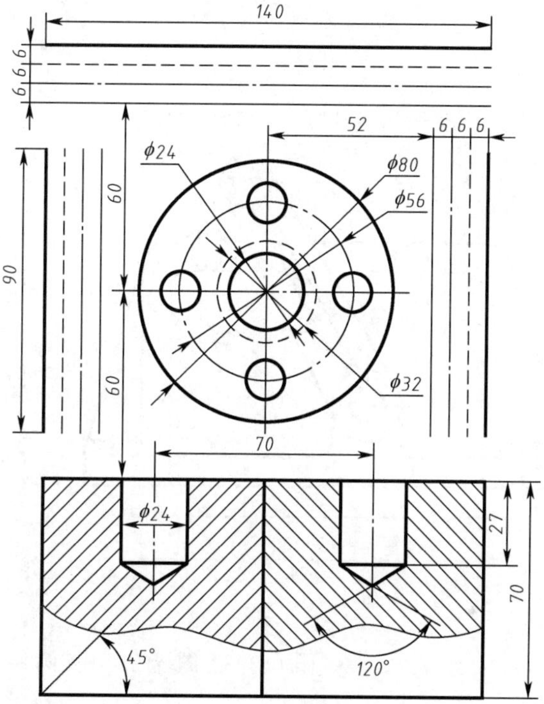
后记	

知识点

- 初步树立标准化意识。
- 图线的类型。
- 图线的应用。

技能点

- 能正确绘制各种类型图线。

任务分析

进一步介绍学习机械制图国家标准的一般规定,了解图线的应用。利用上一任务书已绘制好的图纸图框、标题栏要求学生在图纸上画出任务书中要求的图线,让学生在做中学、学中做,了解不同类型的图线的画法。

知识准备

图线的画法:

摘自 GB/T 17450—2008 技术制图　图线和 GB/T 4457.4—2002 机械制图　图样画法图线。

国家标准规定了 9 种图线宽度。其宽度系列为:0.13,0.18,0.25,0.35,0.5,0.7,1,1.4,2,单位为 mm。机械图样采用粗、细两种宽度的图线,其比率为粗线:细线 = 2:1。机械制图中常用的几种图线的代号、名称、规格及应用范围,如表 1-2-5 所示。各种图线的应用实例,如图 1-2-8 所示。

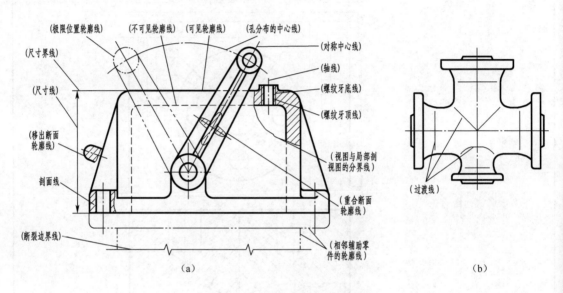

图 1-2-8　图线的应用实例

表 1-2-5　图线的规格及其应用

图线名称	代码 No.	线　　型	线宽	一般应用
细实线	01.1	———————	d/2	尺寸线、尺寸界线、剖面线、引出线、螺纹牙底线、重合断面轮廓线、可见过渡线
波浪线		〜〜〜		断裂处边界线、局部剖分界线
双折线		⌁⌁⌁		断裂处边界线、视图与局部剖视图的分界线
粗实线	01.2	———— d	d	可见轮廓线、螺纹牙顶线
细虚线	02.1	4~6 1 - - - -	d/2	不可见轮廓线、不可见过渡线
粗虚线	02.2	4~6 1 ▬ ▬ ▬	d	允许表面处理的表示线

续表

图线名称	代码 No.	线　型	线宽	一般应用
细点画线	03.1	15~30　3	$d/2$	轴线、对称中心线、分度圆(线)
粗点画线	03.2	15~30　3	d	限定范围表示线(特殊要求)
细双点画线	04.1	~20　5	$d/2$	相邻辅助零件的轮廓线、可动零件的极限位置的轮廓线

图线的画法应遵守下列要求：

(1)在同一张图样中,同类图线的宽度应一致。虚线、点画线、双点画线的线段长度和间隔应各自大致相等,应保持图线的匀称协调。

(2)虚线、点画线、双点画线的相交处应是画(即线段),而不应是点或间隔处,如图 1-2-9 所示。

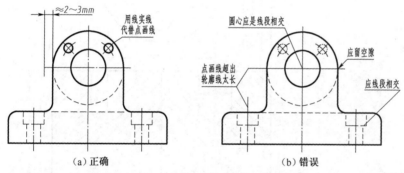

图 1-2-9　画点画线与虚线应遵守的画法

(3)虚线在粗实线的延长线上时,虚线应留出间隙,如图 1-2-9 所示。

(4)点画线伸出图形轮廓线的长度一般为 2~3 mm。当点画线较短时,允许用细实线代替点画线,如图 1-2-9 所示。

(5)图线重叠时应按粗实线、细虚线、细点画线的顺序画前一种图线的原则进行。

注意：正确地绘制图线是绘制高质量图样的保证。

📖任务实施要求

完成任务书指定任务,任务实施要求如下：

(1)教师统一讲解任务内容,演示并指导任务实施过程。

(2)学生根据任务表具体要求完成任务。

(3)教师归纳、总结任务完成情况。

(4)学生分享完成任务的心得体会。

任务1-2-3   学习机械制图国标(尺寸标注)

项目	尺寸标注
目的	了解并掌握国家标准中有关尺寸标注的基本规定
要求	按照国家标准要求,参照上一任务书,标注图纸上各尺寸
后记	

知识点

- 尺寸的概念。
- 常用标注符号的含义。
- 尺寸标注的注意事项。

技能点

- 能正确标注简单图形的尺寸。

任务分析

介绍学习机械制图国家标准的尺寸注法,了解尺寸标注方面的规定。利用简单图形的尺寸标注使学生了解和初步掌握国家标准关于尺寸注法的规定,让学生在做中学、学中做,了解这些规定的具体应用。在任务实施过程中,强调自主、合作的学习气氛。

知识准备

国家标准"GB/T 4458.4—2003 机械制图　尺寸注法"和"GB/T 16675.2—1996 技术制图简化表示法尺寸注法",对图样的尺寸注法作了一系列的规定,如规则、符号和方法等。以保证图样中尺寸标注的正确、清晰。

(一)基本规则

(1)图样中(包括技术要求和其他说明)的尺寸以毫米(mm)为单位时,不需标注计量单位的符号或名称。否则,必须标注相应单位的符号或名称,如图 1-2-10 所示。

(2)机器零件的真实大小以图样上所标注的尺寸数值为依据,与图样绘制比例的大小和绘图的准确度无关,如图 1-2-11 所示。

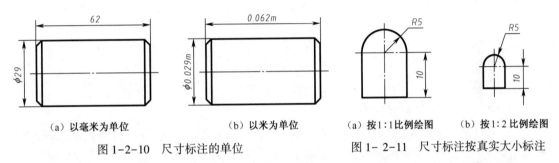

| (a) 以毫米为单位 | (b) 以米为单位 | (a) 按1:1比例绘图 | (b) 按1:2比例绘图 |

图 1-2-10　尺寸标注的单位　　　　　　图 1-2-11　尺寸标注按真实大小标注

(3)机器零件的每一个尺寸,在图样上一般只标注一次,并应标注在能反映该结构最清晰的图形上。

(4)图样中所标注的尺寸,为该图样所示机器零件的最后完工尺寸,否则应另加说明。

(二)尺寸要素及其画法规定

一个完整的尺寸,由尺寸界线、尺寸线、尺寸线终端、尺寸数字四部分组成,如图 1-2-12 所示。

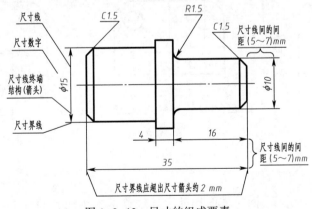

图 1-2-12　尺寸的组成要素

1. 尺寸界线

尺寸界线表示所标注尺寸的起止范围。

（1）尺寸界线用细实线绘制，一般应由图形轮廓线、轴线或对称中心线处引出，其末端一般超出尺寸线终端约 2 mm。也可直接用图形轮廓线、轴线或对称中心线作尺寸界线，如图 1-2-12 和 1-2-13(a)(b)所示。

（2）尺寸界线一般与尺寸线垂直，必要时允许倾斜，即在光滑过渡处标注尺寸时，必须用细线将轮廓线延长，从它们的交点处引出尺寸界线，如图 1-2-13(c)(d)所示。

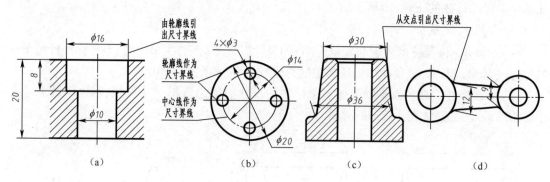

图 1-2-13　尺寸界限

2. 尺寸线

尺寸线表示所标注尺寸的方向。

（1）尺寸线必须用细实线单独绘制，不能用其他图线代替，一般也不得与其他图线（如图形轮廓线、中心线等）重合或画在其延长线上，如图 1-2-14(b)所示。

（2）标注线性尺寸时，尺寸线必须与所标注的线段平行。尺寸线与轮廓线的距离以及相互平行的尺寸线间的距离应尽量一致，小尺寸靠近图形轮廓线，大尺寸应依次等距离的平行外移，如图 1-2-14(a)中尺寸 12，34 和尺寸 17，23 的排列。

（3）尺寸标注应尽量避免尺寸线之间及尺寸界线之间相交，如图 1-2-14(c)所示。

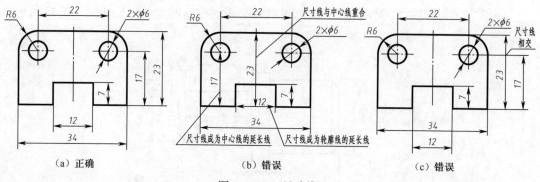

图 1-2-14　尺寸线

3. 尺寸线终端

尺寸线终端有几种形式，而机械图样的尺寸线终端常用的有两种形式（箭头和细斜线形式），如图 1-2-15 所示。

（1）箭头形式

机械图样一般采用箭头作为尺寸线的终端，其尺寸规格，如图 1-2-15(a)所示。

　　箭头应与尺寸界线接触,如图 1-2-15(b)所示。在同一张图样上,箭头的大小要一致。对于狭小部位的尺寸注法见表1-2-7 中的小间隔、小圆弧的尺寸注法。

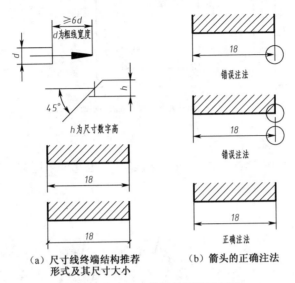

图 1-2-15　尺寸终端的形式及画法

(2)细斜线形式

尺寸线终端也允许用细斜线代替箭头。细斜线的方向和画法,如图 1-2-15(a)所示。当尺寸线终端采用斜线时,尺寸线与尺寸界线必须保持垂直。

在同一张图样中,尺寸终端只能采用一种形式,如图 1-2-16 所示。

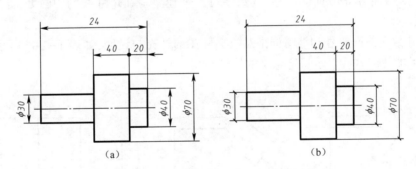

图 1-2-16　同一张图中尺寸终端形式应统一

4. 尺寸数字

尺寸数字的数值表示机器零件的真实大小。

(1)线性尺寸的尺寸数字一般注写在尺寸线的一侧,也允许注写在尺寸线的中断处,如图 1-2-17 所示。

(2)线性尺寸数字的方向,有以下两种注写方法。方法一:数字应按图 1-2-18(a)所示的方向注写,水平方向的尺寸数字在尺寸线的上方,字头朝上;垂直方向的尺寸数字在尺寸线的左侧,字头朝左;倾斜方向的尺寸数字字头趋于朝上,并尽可能避免在图 1-2-18(a)所示的30°范围内注写尺寸。无法避免时,可按图 1-2-18(b)所示的形式标注。其综合应用如图 1-

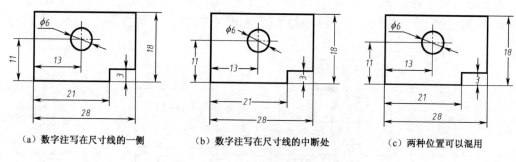

（a）数字注写在尺寸线的一侧   （b）数字注写在尺寸线的中断处   （c）两种位置可以混用

图 1-2-17　线性尺寸数字的注写位置

2-19（a）所示。一般应采用方法一;在不致引起误解时,也允许采用方法二。

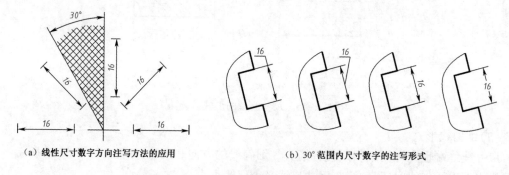

（a）线性尺寸数字方向注写方法的应用   （b）30°范围内尺寸数字的注写形式

图 1-2-18　线性尺寸数字方向的注写方法

　　方法二:对于非水平方向的尺寸,其数字可水平地注写在尺寸线的中断处,如图 1-2-19（b）（c）所示。

　　（3）尺寸数字前面符号和缩写词是对数字标注的补充与说明,如表 1-2-6 所示。标注尺寸时,应尽可能使用这些表示特定意义的符号和缩写词。

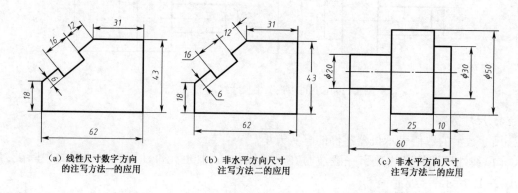

（a）线性尺寸数字方向
的注写方法一的应用
　　（b）非水平方向尺寸
注写方法二的应用
　　（c）非水平方向尺寸
注写方法二的应用

图 1-2-19　线性尺寸数字方向两种注写方法的应用

　　（4）尺寸数字不得被任何图线通过,当无法避免时,必须将图线断开,如图 1-2-20所示。

表 1-2-6 尺寸符号和缩写词

名　称	符号或缩写词	符号的比例画法（h 为字体高度）
直径	ϕ	
半径	R	
球半径	SR	
球直径	$S\phi$	
厚度	t	
均布	EQS	
45°倒角	C	
正方形	□	
深度	▽	
沉孔或锪平	⊔	
埋头孔	∨	
弧长	⌒	
展开长	⌒→	
表中符号的线宽为 $h/10$		

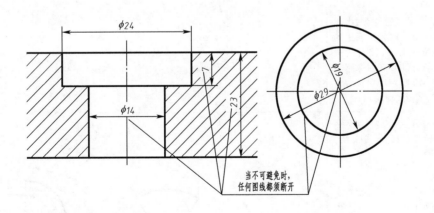

图 1-2-20 尺寸数字不得被任何图线通过

（三）常用的尺寸注法示例

表 1-2-7 列出了机械图样中一些常用的尺寸注法，标注尺寸时应尽可能参照这些尺寸注法。

表 1-2-7　机械图样中一些常用的尺寸注法

内容	说　明	图　例
直径与半径	圆的直径和半径尺寸的尺寸线终端应画成箭头。 （1）标注直径尺寸时，应在尺寸数字前加注符号"ϕ"，标注半径尺寸时，应在尺寸数字前加注符号"R"。 （2）圆或大于半圆的圆弧应注直径。 （3）通常对小于或等于半圆的圆弧注半径，半径尺寸必须标注在反映圆弧实形的图形上。 （4）在同一个图形中，对于尺寸相同的孔，可仅在一个孔上注出其尺寸，并在其尺寸数字前加注"相同个数×"，如右图中的 $2×\phi3$，其中"2"表示相同个数。 （5）标注球面的直径或半径尺寸时，应在符号"ϕ"或 R 前再加注符号"S"。如右图中的 $SR8,SR18,S\phi20$。 对于螺钉、铆钉头部，轴和手柄的端部等，在不至于引起误解的情况下，可省略符号"S"，如右图中的 $R16,R4$。 （6）当圆弧的半径过大或在图纸范围内无法标注其圆心位置时，可按右图中（c）的形式标注。如果圆心位置不需要注明，可按右图中（d）的形式标注	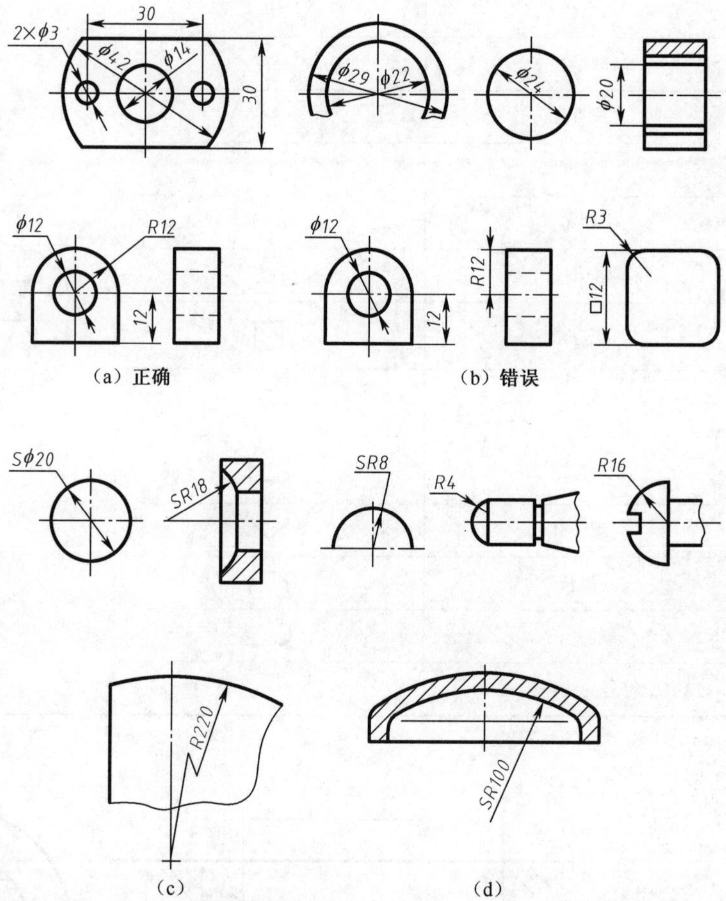 （a）正确　　　　（b）错误 （c）　　　　（d）
弧长与弦长	（1）标注弦长的尺寸界线应平行于弦的垂直平分线；尺寸线用直线，如右图（a）所示。 （2）标注弧长尺寸的界线应平行于该弧所对圆心角的角平分线，尺寸线用平行于该弧的圆弧，尺寸数字前面加注"⌒"符号，如右图（b）所示；弧度较大时，尺寸界线可沿径向引出，如右边图（c）所示	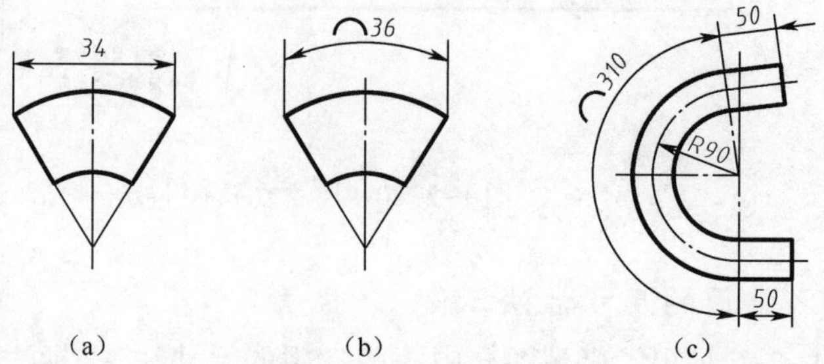 （a）　　　（b）　　　（c）

内容	说　明	图　　例
锥度与斜度	锥度与斜度的标注方法以及符号的画法,如右图所示。符号的方向应与锥度、斜度的方向一致。符号的线宽度 $h/10$,h=字高。 　锥度也可注在轴上。 　一般不需在标注锥度的同时再注出其角度值(α 为锥顶角),如有必要,则可如右图所示,在括号内注出其角度值	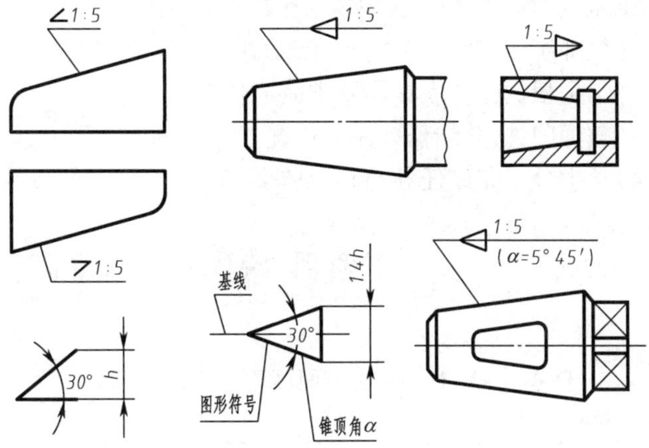 （a）斜度符号　　（b）锥度符号
小间隔、小圆和小圆弧	(1)对于狭小部位,没有足够位置画箭头或写字时,箭头可画在尺寸界线外面,或用小圆点代替两个相对的箭头;尺寸数字也可写在尺寸界线的外面或引出标注,详见右侧图形的尺寸标注形式 　(2)标注小直径或小半径时,箭头和数字都可布置在图的外面,也可用简化注法。但无论是简化还是未简化的注法,尺寸线一定要过圆或圆弧的中心,或箭头指向圆心	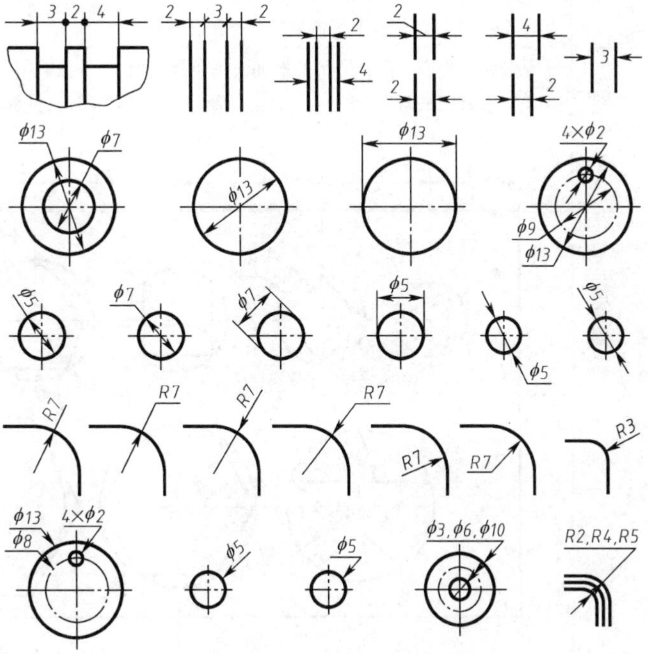
正方形结构	标注断面图形为正方形结构尺寸时,可在正方形边长尺寸数字前加注符号"□"或用"$B×B$"代替(B 为正方形的边长)	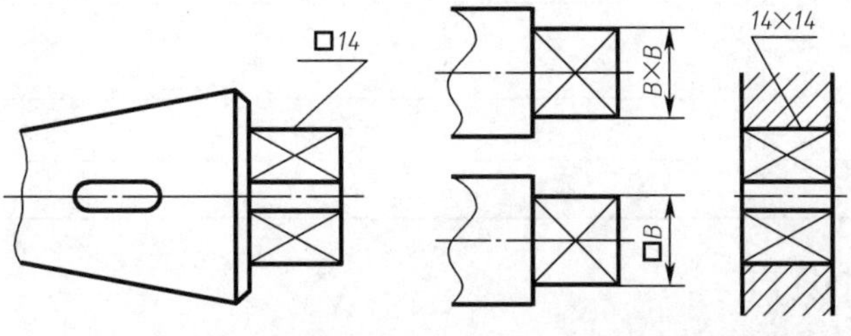

①掌握尺寸标注的基本规则与尺寸要素的有关规定是正确标注尺寸的基本保证。

②认真体会表中给出的尺寸标注示例。

🖋️ 任务实施要求

完成任务书指定任务,任务实施要求如下:

(1)教师统一讲解任务内容,演示并指导任务实施过程。

(2)学生根据任务表具体要求完成任务。

(3)教师归纳、总结任务完成情况。

(4)学生分享完成任务的心得体会。

项目1-3　绘制平面图形

任务1-3-1　绘制平面图形(等分作图)

项目	设计制作绘图模板图样
目的	1. 掌握圆的等分和正多边形的画法 2. 熟练使用各种绘图仪器来完成绘图任务
要求	某公司需生产一批长方形的平面绘图钢尺模板,请根据需要自行设计该平面模板的图样,要求模板内必须至少含有正三角形、正方形、正五边形、正六边形等图形,并标注上尺寸。模板平面图可参考下图。 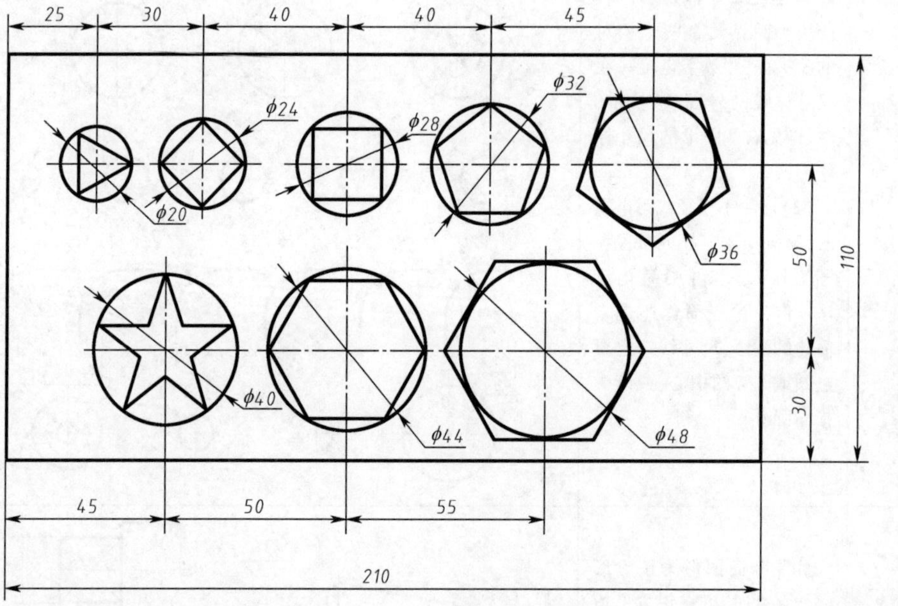 （下图中标注尺寸：25　30　40　40　45；ϕ20、ϕ24、ϕ28、ϕ32、ϕ36、ϕ40、ϕ44、ϕ48；50、110、30；45、50、55；210）
后记	

🖋️ 知识点

- 线段等分的方法。
- 圆周等分的方法。

🔖技能点

- ●学会正确等分线段。
- ●掌握正多边形的画法。
- ●学会正确等分圆周。

🔖任务分析

机器零件的轮廓图形是由直线、圆弧和其他曲线组成的几何图形。因此,熟练掌握几何图形的正确作图方法,是提高绘图速度、保证绘图质量的基本技能之一。本次任务要求绘制带有正三边形、正四边形、正五边形、正六边形的矩形模板的平面图,具备 n 等分圆周的绘图能力。

🔖知识准备

1. 等分直线段

(1)过已知线段的一个端点,画任意角度的直线,并用分规自线段的起点量取 n 个线段。

(2)将等分的最末点与已知线段的另一端点相连。

(3)过各等分点作该线的平行线与已知线段相交即得到等分点,即推画平行线法,如图1-3-1所示。

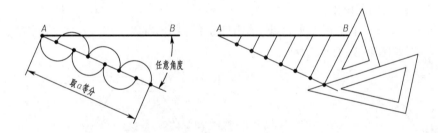

图 1-3-1　等分直线段

2. 等分圆周

(1)圆周的四、八等分。用45°三角板和丁字尺配合作图,可直接将圆周进行四、八等分。将各等分点依次连接,既可分别作出圆的内接四边形或八边形,如图1-3-2所示。

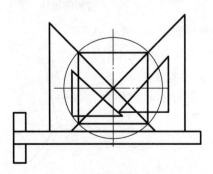

图 1-3-2　圆周的四等分

（2）正五边形。如图1-3-3所示，首先画正五边形的外接圆，取半径 *OF* 的中点 *G* 为圆心，以 *AG* 为半径画弧，交 *OF* 延长线于 *H* 点；以 *A* 为圆心，*AH* 为半径交圆于 *B* 点、*E* 点，再分别以 *B* 点、*E* 点为圆心，*AH* 为半径，交圆于 *C*、*D* 点，依次连接 *A*、*B*、*C*、*D*、*E* 各等分点，即得正五边形。

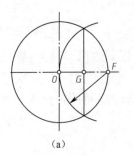 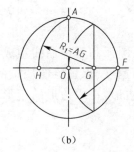 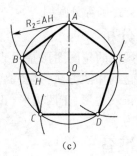

（a）　　　　　　　　　　（b）　　　　　　　　　　（c）

图1-3-3　正五边形的画法

（3）正六边形。

方法一：用圆规作图

分别以已知圆在水平直径上的两处交点 *A*、*B* 为圆心，以 *R* = *D*/2 作圆弧，与圆交于 *C*、*D*、*E*、*F* 点，依次连接 *A*、*B*、*C*、*D*、*E*、*F* 点即得圆内接正六边形，如图1-3-4（a）所示。

方法二：用三角板作图

以60°三角板配合丁字尺作平行线，画出四条边斜边，再以丁字尺作上、下水平边，即得圆内接正六边形，如图1-3-4（b）所示。

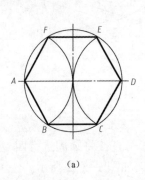 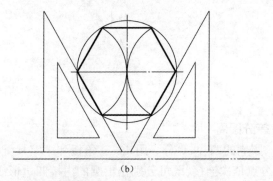

（a）　　　　　　　　　　　　　（b）

图1-3-4　正六边形的画法

（4）正 *n* 边形（以正七边形为例）。*n* 等分铅垂直径 *AK*（在图中 *n* = 7），以 *A* 点为圆心，*AK* 为半径作弧，交水平中心线于点 *S*，延长连线 *S*2、*S*4、*S*6，与圆周交得点 *G*、*F*、*E*，再作出它们的对称点，即可作出圆内接正 *n* 边形。如图1-3-5所示。

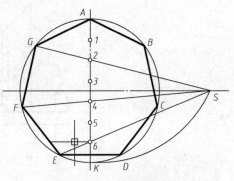

图1-3-5　正 *n* 边形画法

🪶**任务实施要求**

任务要求如下：

（1）教师统一讲解任务内容，演示并指导任务实施过程。

（2）学生根据任务表具体要求完成任务。

（3）教师归纳、总结任务完成情况。

（4）学生分享完成任务的心得体会。

任务1-3-2　绘制平面图形（圆弧连接）

项目	圆 弧 连 接
目的	1. 理解平面图形中各线段的分类和性质，掌握各种圆弧连接的画法 2. 理解并掌握平面图形中各个尺寸作用，并按国家标准要求正确标注尺寸
要求	抄画图示平面图（掌握圆弧连接两相交直线、圆弧连接直线与圆弧、圆弧连接两圆弧的作图方法） 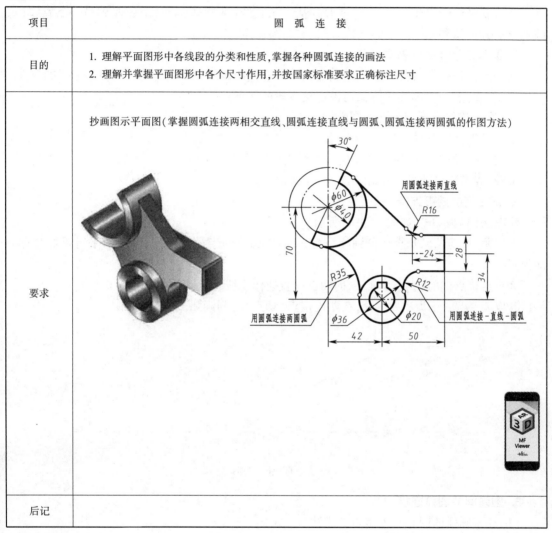
后记	

知识点

- 直线与圆弧的连接方法。
- 两圆弧的圆弧连接方法。

技能点

- 能正确绘制直线与圆弧的连接。
- 能正确绘制圆弧与圆弧的连接。

🏷️任务分析

通过抄画任务书中轴承座、支架等的平面图形使学生充分掌握两相交直线圆弧连接的画法,让学生在做中学、学中做,了解这些画法的具体应用。在任务实施过程中,强调自主、合作的学习气氛。

📖知识准备

在绘制零件的轮廓形状时,经常遇到从一条直线(或圆弧)光滑地过渡到另一条直线(或圆弧)的情况,这种光滑过渡的连接方式,称为圆弧连接。

1. 圆弧连接作图的基本步骤

(1)求作连接圆弧的圆心,它应满足到两被连接线段的距离均为连接圆弧的半径的条件。

(2)找出连接点,即连接圆弧与被连接线段的切点。

(3)在两连接点之间画连接圆弧。

已知条件:已知连接圆弧的半径。

实质:就是使连接圆弧和被连接的直线或被连接的圆弧相切。

关键:找出连接圆弧的圆心和连接点(即切点)。

2. 直线间的圆弧连接

作图法归纳如下。如图1-3-6所示。

①定距:作与两已知直线分别相距为R(连接圆弧的半径)的平行线。两平行线的交点O即为圆心。

②定连接点(切点),从圆心O向两已知直线作垂线,垂足即为连接点(切点)。

③以O为圆心,以R为半径,在两连接点(切点)之间画弧。

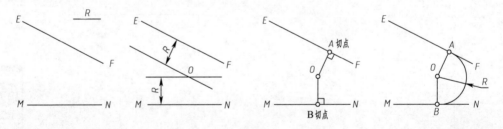

图1-3-6 直线间的圆弧连接

3. 圆弧间的圆弧连接

(1)连接圆弧的圆心和连接点的求法

作图法归纳为三点:

①求作圆半径。根据已知圆弧的半径R_1或R_2和连接圆弧的半径R计算出连接圆弧的圆心轨迹线圆弧的半径R'。如图1-3-7。

外切时:$R'=R+R_1$

内切时:$R'=|R-R_2|$

②用连心线法求连接点(切点)。

外切时:连接点在已知圆弧和圆心轨迹线圆弧的圆心连线上。

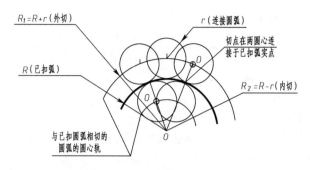

图 1-3-7　连接圆弧外切、内切原理

内切时:连接点在已知圆弧和圆心轨迹线圆弧的圆心连线的延长线。

③以 O 为圆心,以 R 为半径,在两连接点(切点)之间画弧。

(2)圆弧间的圆弧连接的两种形式

①外连接:连接圆弧和已知圆弧的弧向相反(外切),如图 1-3-8 所示。

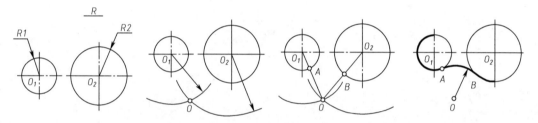

图 1-3-8　圆弧外连接画法

②内连接:连接圆弧和已知圆弧的弧向相同(内切),如图 1-3-9 所示。

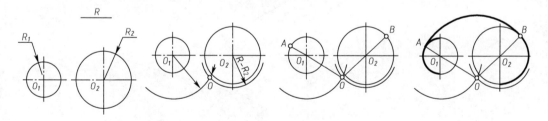

图 1-3-9　圆弧内连接的画法

🛠 任务实施要求

完成任务书指定的任务,任务实施要求如下:

(1)教师统一讲解任务内容,演示并指导任务实施过程。

(2)学生根据任务表具体要求完成任务。

(3)教师归纳、总结任务完成情况。

(4)学生分享完成任务的心得体会。

任务1-3-3　绘制平面图形(椭圆、锥度、斜度)

任务	画椭圆、锥体和斜度的平面图
目的	1. 掌握椭圆的画法 2. 掌握锥度与斜度的画法和标注
要求	1. 作一长轴为100,短轴为80的椭圆(四心法) 2. 参照图样,作锥体、斜度平面图形,并标注 80 100 斜度1:4 10 30 10 50 锥度1:5 φ18 φ14 30 5 55
后记	

知识点

- 椭圆的画法。
- 斜度的画法。
- 锥度的画法。

技能点

- 能正确绘制椭圆、锥度、斜度。

任务分析

要求学生掌握四心法绘制椭圆的方法以及斜度、锥度的表示方法,让学生在做中学、学中做,了解它们的画法。在任务实施过程中,强调自主、合作的学习气氛。

知识准备

1. 常用平面曲线(椭圆)的画法

(1)四心近似法画椭圆如图 1-3-10(b)所示,即用四段圆弧连接起来的图形近似代替椭圆。如果已知椭圆的长、短轴 AB、CD,则其近似画法的步骤如下:

①连 AC,以 O 为圆心,OA 为半径画圆弧,交 CD 延长线于 E;

②以 C 为圆心,CE 为半径画圆弧,截 AC 于 E_1;

③作 AE_1 的中垂线,交长轴于 O_1,交短轴于 O_2,并找出 O_1 和 O_2 的对称点 O_3 和 O_4;

④把 O_1 与 O_2、O_2 与 O_3、O_3 与 O_4、O_4 与 O_1 分别连直线;

⑤以 O_1、O_3 为圆心,O_1A 为半径;O_2、O_4 为圆心,O_2C 为半径,分别画圆弧到连心线,K、K_1、N_1、N 为连接点即可。

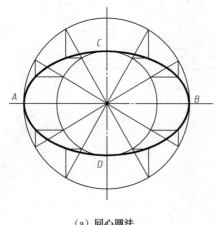
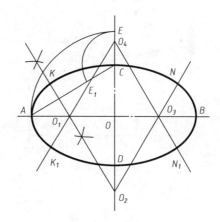

(a)同心圆法　　　　　　　　(b)四心圆弧法

图 1-3-10　椭圆的画法

(2)同心圆法:已知相互垂直且平分的长轴和短轴,用同心圆法画椭圆。步骤如下:

如图 1-3-10(a)所示,以 AB 和 CD 为直径画同心圆,然后过圆心作一系列直径与两圆相交。由各交点分别作与长轴、短轴平行的直线,即可相应找到椭圆上各点。最后,光滑连接各点即可。

2. 斜度

斜度是一直线对另一直线或一平面对另一平面的倾斜程度。斜度的符号如图 1-3-11 (a)所示,符号线宽为 $h/10$,符号方向应与斜度方向一致。如图 1-3-11(b)所示的直角三角形中,角 α 对边 BC 与底边 AB 之比,称为 AC 对 AB 的斜度,即 AC 的斜度 = BC/AB = $\mathrm{tg}\alpha$ = $1/n$

已知的斜度为 1:5,其作图步骤如图 1-3-11(c)所示:①作水平线,取 AB = 5 个单位长度;②过点 B 作 BC 垂直于 AB,使 BC = 1 个单位长度;③连接 AC,其斜度即为 1:5。

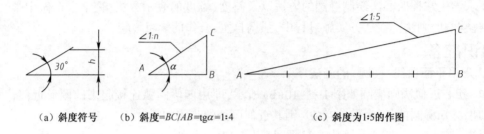

（a）斜度符号　　　（b）斜度=BC/AB=$\mathrm{tg}\alpha$=1:4　　　（c）斜度为1:5的作图

图 1-3-11　斜度的画法

3. 锥度

锥度是正圆锥体底圆的直径 D 与高度 H 之比,即锥度=$D:H$=$l:K$,如图 1-12(a)所示。

若已知圆锥体的锥度为 1:4,其作图步骤如图 1-3-12(b)所示:①作 AB 垂直于 CD,并截取 CB=BD;②截取 AB=4CD,即 $CD:AB$=1:4,连 AC 和 AD,则圆锥体的锥度为 1:4。

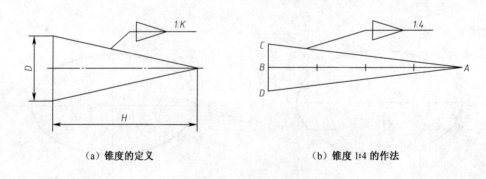

（a）锥度的定义　　　　　　　（b）锥度1:4 的作法

图 1-3-12　锥度的画法

🛠️任务实施要求

完成任务书指定的任务,任务实施要求如下:

(1)教师统一讲解任务内容,演示并指导任务实施过程。

(2)学生根据任务表具体要求完成任务。

(3)教师归纳、总结任务完成情况。

(4)学生分享完成任务的心得体会。

任务1-3-4 绘制平面图形(挂轮架平面图形的绘制)

任务	抄画挂轮架平面图并标注尺寸	
目的	1. 理解并掌握平面图形中的尺寸分析方法和线段分析方法,从而确定正确的作图步骤 2. 进一步培养学生严肃认真的工作态度和耐心细致的工作作风	
要求	理解平面图形中的尺寸分析方法和线段分析方法,确定正确的作图步骤,抄画挂轮架平面图。	
后记		

知识点

- 平面图形的画法。
- 各种图线的应用。

技能点

- 能正确绘制各种类型图线。

任务分析

分析绘制平面图形(图1-3-13)的尺寸,明确绘图步骤,掌握平面图形的绘制技能,学会图面的合理布局,提高理论练习实际的能力。在任务实施过程中,强调自主、合作的学习气氛。

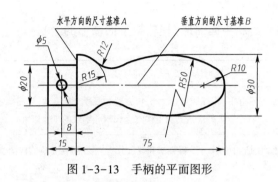

图 1-3-13　手柄的平面图形

✎知识准备

1. 平面图形的尺寸分析

在图形中,根据所起的作用不同,尺寸分为定形尺寸和定位尺寸两类。

(1)定形尺寸:用以确定图形中各部分几何形状大小的尺寸,称为定形尺寸。如直线的长度、倾斜的角度和圆或圆弧的直径、半径等,如图 1-3-13 中的 $R15$、$R10$、$R50$、$R12$、$\phi 20$、$\phi 5$ 等尺寸。

(2)定位尺寸:用以确定各部分图形之间相对位置的尺寸,称为定位尺寸。如图 1-3-13 中尺寸 8 用于确定小圆 $\phi 5$ 的位置,75 用于确定 $R10$ 圆弧中心的位置,$\phi 30$ 用于确定 $R50$ 的圆弧的位置。$\phi 30$ 既可作定位尺寸也是定形尺寸。

标注尺寸还有一个基准问题,所谓尺寸基准就是标注尺寸的起点。对平面图形来说,一般有水平和垂直两个方向的基准,如图 1-3-13 中所示的手柄是以水平轴线作为垂直方向的尺寸基准,以手柄中间端面 A 作为水平方向的尺寸基准。

2. 平面图形的线段分析

分析图 1-3-13 可知,组成该平面图形中的线段(直线、圆、圆弧)有的可以直接画出,如 $\phi 20$,$\phi5$,15,$R10$,$R15$ 等;有的必须把有关线段画出之后才能画出,如 $R50$;有的则只有在其他有关线段都画出之后,根据相邻线段之间的几何连接关系才能最后画出,如 $R12$。按照上述的分析顺序,可以把平面图形中的线段按其尺寸是否标注齐全分为三类,即:已知线段、中间线段和连接线段。现详细分析如下。

(1)已知线段　具有完整的定形尺寸和定位尺寸的线段为已知线段。作图时可以根据其尺寸直接画出。

(2)中间线段　只有定形尺寸,而定位尺寸不全的线段为中间线段。作图时,需要根据与其中一端相接的已知线段的相切关系,才能确定它的位置,如图 1-3-13 中所示的 $R50$ 圆弧。

(3)连接线段　只有定形尺寸,而定位尺寸未给出的线段,称为连接线段。作图时,需要根据与其两端相接的线段的相切关系,才能用作图的方法确定它的位置,如图 1-3-13 中的 $R12$ 圆弧。

3. 平面图形的画法

首先对所给出的平面图形进行尺寸分析,找出图形中的已知线段、中间线段和连接线段,然后先画已知线段,再画中间线段,最后画出连接线段。图 1-3-13 中所示的手柄图形的作图步骤如图 1-3-14 所示。

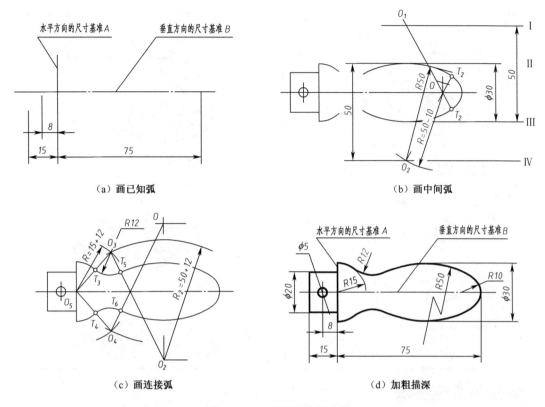

（a）画已知弧 　　　　　　　　　（b）画中间弧

（c）画连接弧 　　　　　　　　　（d）加粗描深

图 1-3-14　手柄的作图步骤

4. 平面图形的尺寸标注

标注尺寸时，如前所述应对图形进行必要的线段分析，先定尺寸基准，再注出定位尺寸和定形尺寸。所注尺寸从几何上说应完整无遗；从国家标准来要求，应符合有关规定，且清晰无误。表 1-3-1 为几种平面图形尺寸的标注示例。

表 1-3-1　平面尺寸标注

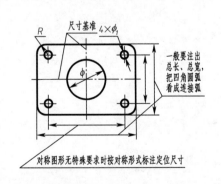

对称图形无特殊要求时按对称形式标注定位尺寸

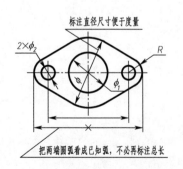

把两端圆弧看成已知弧，不必再标注总长

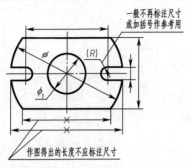

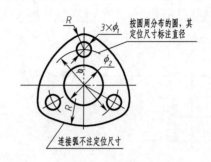

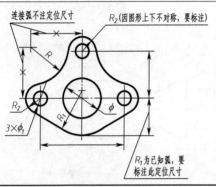

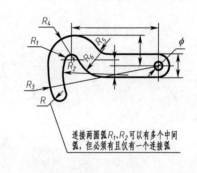

🐟任务实施要求

完成任务书指定的任务,任务实施要求如下:

(1)教师统一讲解任务内容,演示并指导任务实施过程。

(2)学生根据任务表具体要求完成任务。

(3)教师归纳、总结任务完成情况。

(4)学生分享完成任务的心得体会。

第二部分　三视图与轴测图

项目2-1　投　影　基　础

三视图是观察者从正面、上面、左面三个不同角度观察同一个空间几何体而画出的图形。

将人的视线规定为平行投影线,然后正对着物体看过去,将所见物体的轮廓用正投影法绘制出来的图形称为视图,如图 2-1-1 所示。从物体的前面向后面投射所得的视图称主视图(正视图)——能反映物体的前面形状,从物体的上面向下面投射所得的视图称俯视图——能反映物体的上面形状,从物体的左面向右面投射所得的视图称左视图(侧视图)——能反映物体的左面形状。三视图就是主视图(正视图)、俯视图、左视图(侧视图)的总称。

三视图能准确地反映物体的形状和大小,且度量性好,作图简单,但立体感不强,只有具备一定读图能力的人才看得懂。有时工程上还需采用一种立体感较强的图来表达物体,即轴测图。轴侧图是用轴测投影的方法画出来的富有立体感的图形,他接近人们的视觉习惯,但不能确切地反映物体真实的形状和大小,并且作图较正投影图复杂,因而在生产中它作为辅助图样,用来帮助人们读懂正投影视图。

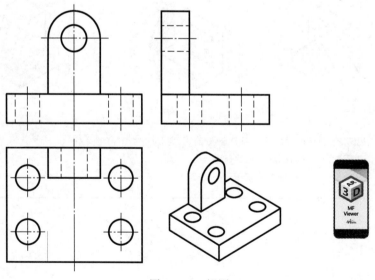

图 2-1-1　视图

本部分主要由四个项目组成,分别为:投影基础、基本体三视图、组合体三视图和轴测图。

通过四个项目的学习,掌握三视图与轴测图的绘制方法。

任务书 **任务 简单立体的投影作图**

任务	简单立体的投影作图
目的	1. 明确投影概念,掌握正投影法的基本原理和基本特性 2. 熟悉三投影面体系的组成和展开
要求	完成下列简单立体的三视图,并标注尺寸
提示	1. 三视图应按规定的位置配置,且符合"长对正、高平齐、宽相等"的关系 2. 应注意虚线与其他图线相交处的画法
后记	

知识点

- 正投影的概念。
- 三视图的名称。
- 三视图的投影规律。

技能点

- 掌握绘制三视图的方法,能绘制简单形体的三视图。
- 掌握识读三视图的方法。

🔲任务分析

如任务书所示的是 V 形架等九个简单形体的直观图。按照三视图的形成过程画出 V 形架等九个简单形体的三视图，并分析三视图的投影规律、三视图的绘图方法。在任务实施过程中，强调自主、合作的学习气氛。

🔲知识准备

(一)投影法的基本知识

1. 投影法的概念

举例：在日常生活中，人们看到太阳光或灯光照射物体时，在地面或墙壁上出现物体的影子，这就是一种投影现象。我们把光线称为投射线，地面或墙壁称为投影面，影子称为物体在投影面上的投影。

下面进一步从几何观点来分析投影的形成。设空间有一定点 S 和任一点 A，以及不通过点 S 和点 A 的平面 P，如图 2-1-2 所示，从点 S 经过点 A 作直线 SA，直线 SA 必然与平面 P 相交于一点 a，则称点 a 为空间任一点 A 在平面 P 上的投影，称定点 S 为投影中心，称平面 P 为投影面，称直线 SA 为投射线。据此，要作出空间物体在投影面上的投影，其实质就是通过物体上的点、线、面作出一系列的投射线与投影面的交点，并根据物体上的线、面关系，对交点进行恰当的连线。

如图 2-1-3 所示，作 $\triangle ABC$ 在投影面 P 上的投影。先自点 S 过点 A、B、C 分别作直线 SA、SB、SC 与投影面 P 的交点 a、b、c，再过点 a、b、c 作直线，连成 $\triangle abc$，$\triangle abc$ 即为空间 $\triangle ABC$ 在投影面 P 上的投影。

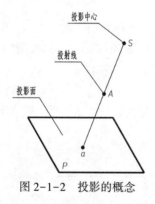

图 2-1-2　投影的概念

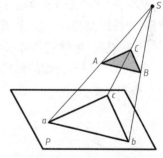

图 2-1-3　中心投影法

上述这种用投射线通过物体，向选定的面投射，并在该面上得到图形的方法称为投影法。

2. 投影法的种类及应用

(1)中心投影法：投影中心距离投影面在有限远的地方，投影时投射线汇交于投影中心的投影法称为中心投影法，如图 2-1- 3 所示。

缺点：中心投影不能真实地反映物体的形状和大小，不适用于绘制工程图样。

优点：有立体感，工程上常用这种方法绘制建筑物的透视图。

(2)平行投影法：投影中心距离投影面在无限远的地方，投影时投射线都相互平行的投影法称为平行投影法，如图 2-1-4 所示。

根据投影线与投影面是否垂直,平行投影法又可以分为两种:

①斜投影法——投射线与投影面相倾斜的平行投影法,如图 2-1-4(a)所示。

②正投影法——投射线与投影面相垂直的平行投影法,如图 2-1-4(b)所示。

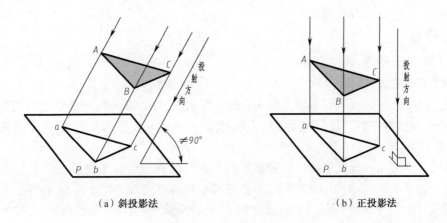

（a）斜投影法　　　　　　　　　　（b）正投影法

图 2-1-4　平行投影法

正投影法优点:能够表达物体的真实形状和大小,作图方法也较简单,所以广泛用于绘制工程图样。

(二) 三视图的形成与投影规律

在机械制图中,通常假设人的视线为一组平行的,且垂直于投影面的投影线,在投影面上所得到的正投影称为视图。

一般情况下,一个视图不能确定物体的形状。如图 2-1-5 所示,两个形状不同的物体,它们在投影面上的投影都相同。因此,要反映物体的完整形状,必须增加由不同投射方向所得到的几个视图,互相补充,才能将物体表达清楚。工程上常用的是三视图。

1. 三投影面体系与三视图的形成

（1）三投影面体系的建立:三投影面体系由三个互相垂直的投影面所组成,如图 2-1-6 所示。

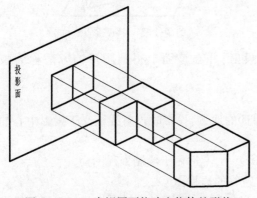

图 2-1-5　一个视图不能确定物体的形状

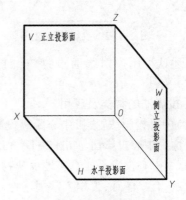

图 2-1-6　三投影面体系

在三投影面体系中,三个投影面分别为:

正立投影面,简称为正面,用 V 表示;

水平投影面,简称为水平面,用 H 表示;

侧立投影面,简称为侧面,用 W 表示。

三个投影面的交线,称为投影轴分别是:

OX 轴:是 V 面和 H 面的交线,代表长度方向;

OY 轴:是 H 面和 W 面的交线,代表宽度方向;

OZ 轴:是 V 面和 W 面的交线,代表高度方向。

三个投影轴垂直相交的交点 O,称为原点。

(2)三视图的形成:将物体放在三投影面体系中,物体的位置处在人与投影面之间,然后将物体向各个投影面投射,得到三个视图,把物体的长、宽、高三个方向,上下、左右、前后六个方位的形状表达出来,如图 2-1-7(a)所示。三个视图分别为:

主视图,从前往后进行投射,在正投影面(V 面)上所得到的视图。

俯视图,从上往下进行投射,在水平投影面(H 面)上所得到的视图。

左视图,从左往右进行投射,在侧投影面(W 面)上所得到的视图。

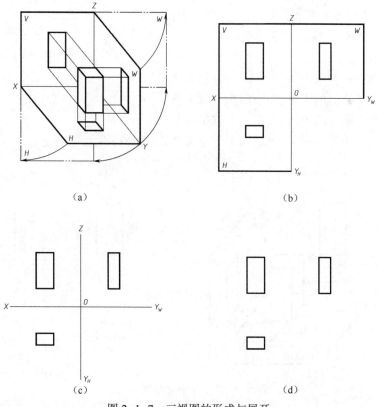

(a) (b)

(c) (d)

图 2-1-7 三视图的形成与展开

(3)三投影面体系的展开:在实际作图中,为了画图方便,需要将三个投影面在一个平面(纸面)上表示出来,规定:使 V 面不动,H 面绕 OX 轴向下旋转 90°与 V 面重合,W 面绕 OZ 轴向右旋转90°与V面重合,这样就得到了在同一平面上的三视图,如图2-1-7(b)所示。可以看出,俯视图在主视图的下方,左视图在主视图的右方。在这里应特别注意的是:同一条OY轴旋转后出现了两个位置,因为OY是H面和W面的交线,也就是两投影面的共有线,所以OY轴随着H面旋转到OY_H的位置,同时又随着W面旋转到OY_W的位置。为了作图简便,投影图中不必画出投影面的边框,如图2-1-7(c)所示。由于画三视图时主要依据投影规律,所以投影轴也可以进一步省略,如图2-1-7(d)所示。

2. 三视图的投影规律

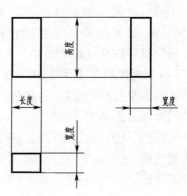

从图2-1-8可以看出,一个视图只能反映两个方向的尺寸,主视图反映了物体的长度和高度,俯视图反映了物体的长度和宽度,左视图反映了物体的宽度和高度。由此可以归纳出三视图的投影规律:

主、俯视图"长对正"(即等长);

主、左视图"高平齐"(即等高);

俯、左视图"宽相等"(即等宽)。

三视图的投影规律称"三等"关系,反映了三视图的重要特性,也是画图和读图的依据。无论是整个物体还是物体的局部,其三面投影都必须符合"三等"规律。

图2-1-8 视图间的"三等"关系

3. 三视图与物体方位的对应关系

物体有长、宽、高三个方向的尺寸,有上下、左右、前后六个方位,如图2-1-9(a)所示。六个方位在三视图中的对应关系如图2-1-9(b)所示。

主视图反映了物体的上下、左右四个方位关系;

俯视图反映了物体的前后、左右四个方位关系;

左视图反映了物体的上下、前后四个方位关系。(要求学生必须熟记)

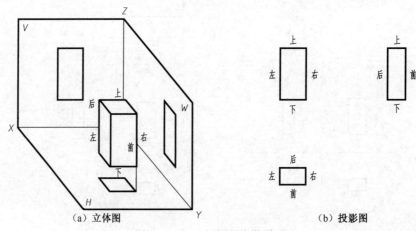

(a) 立体图   (b) 投影图

图2-1-9 三视图的方位关系

注意:以主视图为中心,俯视图、左视图靠近主视图的一侧为物体的后面,远离主视图的一侧为物体的前面。

任何物体的表面都包含点、线、面等几何元素。掌握点、线、面的投影规律更有助于我们理解空间立体的投影。

(三)点、线、面的投影

1. 点的投影

如图 2-1-10 所示,空间点 A 分别向三个投影面 H、V、W 投射,其作水平投影(H 面投影)、正面投影(V 面投影)、侧面投影(W 面投影),用相应的小写字母 a、小写字母加一撇 a'、小写字母加两撇 a'' 作为投影标记。

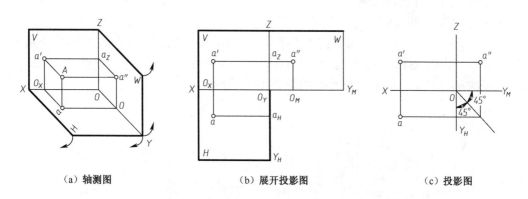

（a）轴测图　　　（b）展开投影图　　　（c）投影图

图 2-1-10　点的三面投影

2. 点的投影特性(见图 2-1-11)

(1)点的投影连线垂直于投影轴。

(2)点的投影与投影轴的距离,反映该点在此轴上的坐标,也就是该点与相应投影面的距离。

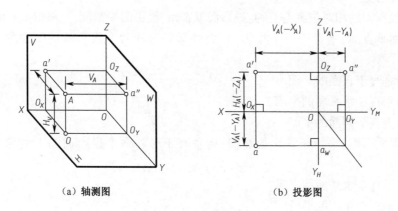

（a）轴测图　　　（b）投影图

图 2-1-11　点的投影特性

3. 直线的投影

空间直线与投影面的相对位置有三种:投影面平行线、投影面垂直线、一般位置直线。

(1)投影面平行线:只平行于一个投影面,而对另外两个投影面倾斜的直线称为投影面平行线。投影面平行线又有三种位置：

水平线：平行于水平面

正平线：平行于正面

侧平线：平行于侧面

（2）投影面垂直线：垂直于一个投影面，与另外两个投影面平行的直线，称为投影面垂直线。投影面垂直线也有三种位置：

铅垂线：垂直于水平面的直线

正垂线：垂直于正面的直线

侧垂线：垂直于侧面的直线

（3）一般位置直线：一般位置直线既不平行也不垂直于任何一个投影面，即与三个投影面都处于倾斜位置的直线。一般位置直线的投影特性：三个投影都倾斜于投影轴，长度缩短，不能直接反映直线与投影面的真实倾角，如图 2-1-12 所示。

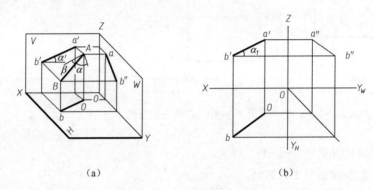

(a)   (b)

图 2-1-12　一般位置直线

4. 平面的投影

平面对投影面的相对位置有三种：投影面垂直面、投影面平行面、一般位置平面。

①投影面垂直面，垂直于一个投影面，而倾斜于另外两个投影面的平面称为投影面垂直面：

正垂面：垂直于正面的平面

铅垂面：垂直于水平面的平面

侧垂面：垂直于侧面的平面

②投影面平行面，平行于一个投影面，而垂直于另外两个投影面的平面称为投影面平行面。

水平面：平行于水平面的平面

正平面：平行于正面的平面

侧平面：平行于侧面的平面

③一般位置平面，在三面投影体系中，对三个投影面都倾斜的平面称为一般位置平面。一般位置平面的三个投影既不反映实形，又无积聚性。均为缩小的类似图形如图 2-1-13 所示。

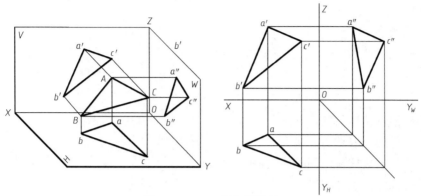

图 2-1-13 一般位置平面

任务实施要求

完成任务书指定任务,任务实施要求如下:

(1)教师统一讲解任务内容,演示并指导任务实施过程。

(2)学生根据任务表具体要求完成任务。

(3)教师归纳、总结任务完成情况。

(4)学生分享完成任务的心得体会。

项目2-2 基本体的三视图

任务2-2-1 棱柱

任务	棱柱三视图的绘制
目的	1. 明确平面立体的概念,掌握棱柱的投影规律和画法 2. 掌握棱柱表面取点的方法和带切口棱柱投影的画法 3. 掌握平面立体尺寸标注的方法
要求	1. 绘制四棱柱和正六棱柱的三视图并标注尺寸 2. 绘制截切六棱柱的三面投影并标注尺寸 40 20 20 30 φ12 φ26 9 60 40 20
后记	

✎知识点

- 棱柱的概念。
- 棱柱的投影特性。
- 棱柱尺寸标注的要求。

✎技能点

- 能正确绘制棱柱的三视图。
- 掌握棱柱面上取点的方法。
- 能正确绘制棱柱被切割时的三视图。
- 能正确标注正棱柱的尺寸。

✎任务分析

按任务书所示的旋钮直观图,根据三视图的投影规律,绘制出其三视图。在任务实施过程中,强调自主、合作的学习气氛。

✎知识准备

(一)平面立体的投影及表面取点

平面立体——立体表面全部由平面所围成的立体,如棱柱和棱锥等。

1. 棱柱的投影

棱柱由两个底面和棱面组成,棱面与棱面的交线称为棱线,棱线互相平行。棱线与底面垂直的棱柱称为正棱柱。本次任务仅讨论正棱柱的投影。

以正六棱柱为例。如图2-2-1(a)所示为一正六棱柱,由上、下两个底面(正六边形)和六个棱面(长方形)组成。设将其放置成上、下底面与水平投影面平行,并有两个棱面平行于正投影面。

上、下两底面均为水平面,它们的水平投影重合并反映实形,正面及侧面投影积聚为两条相互平行的直线。六个棱面中的前、后两个为正平面,它们的正面投影反映实形,水平投影及侧面投影积聚为一直线。其他四个棱面均为铅垂面,其水平投影均积聚为直线,正面投影和侧面投影均为类似形。

边画图边讲解作图方法与步骤。

总结正棱柱的投影特征:当棱柱的底面平行某一个投影面时,则棱柱在该投影面上投影的外轮廓为与其底面全等的正多边形,而另外两个投影则由若干个相邻的矩形线框所组成。

2. 棱柱表面上点的投影

方法:利用点所在面的积聚性。(因为正棱柱的各个面均为特殊位置面均具有积聚性。)

平面立体表面上取点实际就是在平面上取点。首先应确定点位于立体的哪个平面上,并分析该平面的投影特性,然后再根据点的投影规律求得。

举例:如图2-2-1(b)所示,已知棱柱表面上点 M 的正面投影 m',求作它的其他两面投影 m、m''。因为 m' 可见,所以以点 M 必在面 $ABCD$ 上。此棱面是铅垂面,其水平投影积聚成一条直线,故点 M 的水平投影 m 必在此直线上,再根据 m、m' 可求出 m''。由于 $ABCD$ 的侧面投影为可见,故 m'' 也为可见。

特别强调:点与积聚成直线的平面重影时,不加括号。

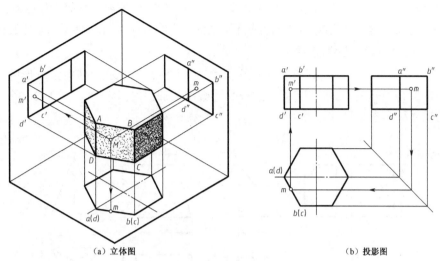

（a）立体图　　　　　　　　　　　　　（b）投影图

图 2-2-1　正六棱柱的投影及表面上的点

（二）平面立体的截交线

当立体被平面截断成两部分时,其中任何一部分均称为截断体,该平面称为截平面,截平面与立体表面的交线称为截交线。平面立体的截交线是一个封闭的平面多边形,截交线的顶点是平面体的棱线(或底边)与 截平面的交点,截交线的边是平面立体表面与截平面的交线。

平面立体截交线的求法有两种：

方法 1：求各棱线与截平面的交点,然后依次连接各交点,并判断其可见性；

方法 2：求各棱面与截平面的交线,并判断其可见性。

如,求作正垂面 P 斜切正五棱柱的截交线。

分析：截平面与棱柱的棱线均相交,可判定截交线是五边形,其五个顶点分别是五条棱线与截平面的交点,如图 2-2-2 所示。因此,只要求出截交线的五个顶点在各投影面上的投影,然后依次连接顶点的同名投影,即得截交线得投影。

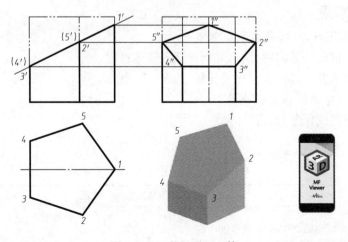

图 2-2-2　截切平面立体

当用两个以上平面截切平面立体时,在立体上会出现切口、凹槽或穿孔等。作图时,只要作出各个截平面与平面立体的截交线,并画出各截平面之间得交线,就可作出这些平面立体的投影。

（三）平面立体的尺寸标注

平面立体一般标注长、宽、高三个方向的尺寸,如图 2-2-3 所示。其中正方形的尺寸可采用如图 2-2-3(f)所示的形式注出,即在边长尺寸数字前加注"□"符号。图 2-2-3(d)、(g)中加"( )"的尺寸称为参考尺寸。

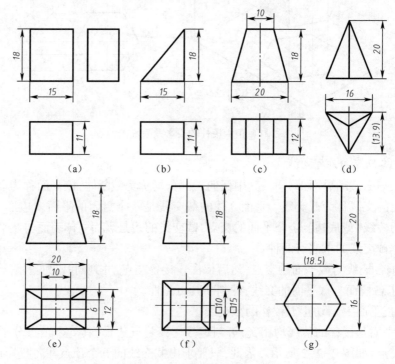

图 2-2-3　平面立体的尺寸注法

任务实施要求

完成任务书指定任务,任务实施要求如下:

(1)教师统一讲解任务内容,演示并指导任务实施过程。

(2)学生根据任务表具体要求完成任务。

(3)教师归纳、总结任务完成情况。

(4)学生分享完成任务的心得体会。

任务 2-2-2　棱锥

任务	绘制棱锥、棱台三视图
目的	1. 掌握棱锥的投影规律和画法 2. 掌握棱锥表面取点的方法及其带切口时投影的画法

任务	绘制棱锥、棱台三视图
要求	1. 绘制四棱锥的三视图并标注尺寸(底面 30×40,高 40) 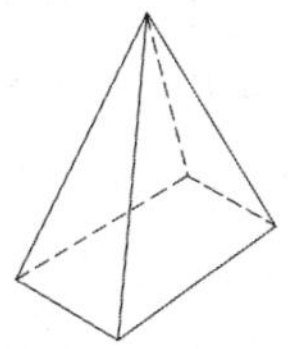 2. 求下列棱锥被切割后的投影 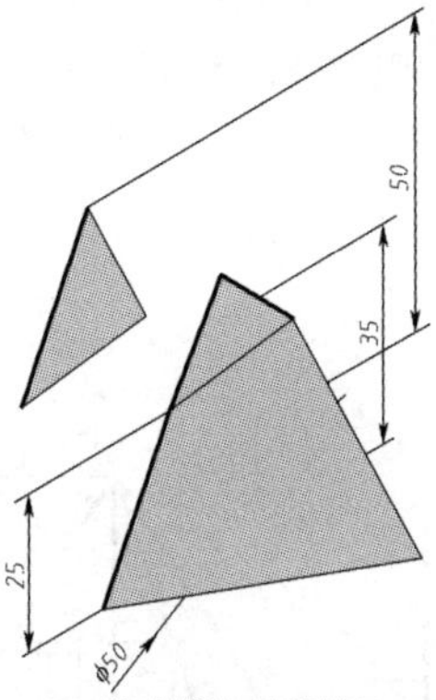 (1)正三棱锥被1个平面截切 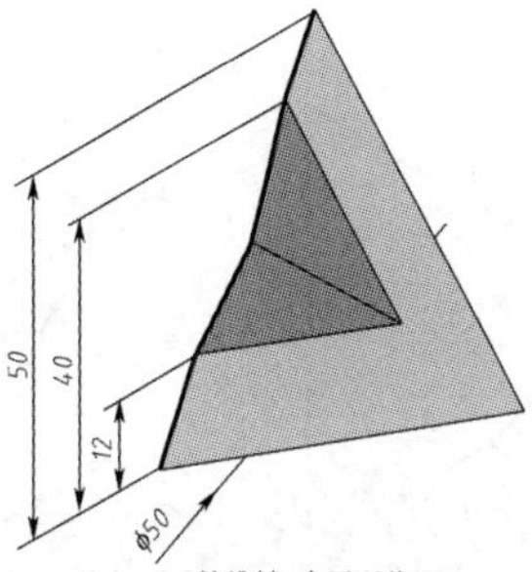　　　　(2)正三棱锥被2个平面截切
后记	

📖知识点

- 棱锥的概念。
- 棱锥的投影特性。
- 棱锥尺寸标注的要求。

📖技能点

- 能正确绘制棱锥的三视图。
- 掌握棱锥表面上取点的方法。
- 能正确绘制棱锥被截切后的三视图。
- 能正确标注棱锥的尺寸。

📖任务分析

正三棱锥的结构图如任务书中所示,它由一个正三角形的底面和三个全等的等腰三角形棱面组成,三条棱线(即两棱面间的交线)相交于顶点,画出它的三视图。通过在棱锥面上取一系列的特殊点和一般点的投影,即可得出棱锥被截切后的投影图。在任务实施过程中,强调自主、合作的学习气氛。

知识准备

（一）棱锥立体的投影及表面取点

1. 棱锥的投影

以正三棱锥为例，图 2-2-4（a）所示为一正三棱锥，它的表面由一个底面（正三边形）和三个侧棱面（等腰三角形）围成，设将其放置成底面与水平投影面平行，并有一个棱面垂直于侧投影面。

由于锥底面△ABC 为水平面，所以它的水平投影反映实形，正面投影和侧面投影分别积聚为直线段 a'b'c' 和 a''(c'') b''。棱面△SAC 为侧垂面，它的侧面投影积聚为一段直线 s''a''(c'')，正面投影和水平投影为类似形△s'a'c' 和△sac，前者为不可见，后者可见。棱面△SAB 和△SBC 均为一般位置平面，它们的三面投影均为类似形。

棱线 SB 为侧平线，棱线 SA、SC 为一般位置直线，棱线 AC 为侧垂线，棱线 AB、BC 为水平线。

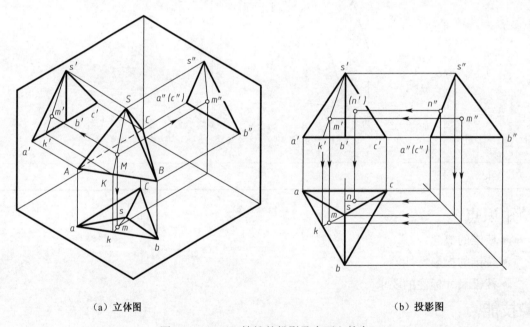

（a）立体图	（b）投影图

图 2-2-4　正三棱锥的投影及表面上的点

总结正棱锥的投影特征：当棱锥的底面平行某一个投影面时，则棱锥在该投影面上投影的外轮廓为与其底面全等的正多边形，而另外两个投影则由一个或若干个相邻的三角形线框所组成。

2. 棱锥表面上点的投影

方法：

（1）利用点所在立体表面的积聚性。

（2）在立体表面作辅助线。

首先确定点位于棱锥的哪个表面上，再分析该表面的投影特性。若该表面为特殊位置平面，可利用投影的积聚性直接求得点的投影；若该表面为一般位置平面，可通过辅助线法求得。

举例：如图 2-2-4(b)所示，已知正三棱锥表面上点 M 的正面投影 m′ 和点 N 的水平面投影 n，求作 M、N 两点的其余投影。

因为 m′ 可见，因此点 M 必定在△SAB 上。△SAB 是一般位置平面，可采用辅助线法。过点 M 及锥顶点 S 作一条辅助直线 SK，与底边 AB 交于点 K。如图 2-2-4 中所示即过 m′ 作 s′k′，再作出其水平投影 sk。由于点 M 属于直线 SK，根据点在直线上的从属性质可知 m 必在 sk 上，求出水平投影 m，再根据 m、m′ 可求出 m″。

因为点 N 不可见，故点 N 必定在棱面△SAC 上。棱面△SAC 为侧垂面，它的侧面投影积聚为直线段 s″a″(c″)，因此 n″ 必在 s″a″(c″) 上，由 n、n″ 即可求出 n′。

(二)棱锥的切割

棱锥也是平面体、棱锥的切割与棱柱的切割相类似。如图 2-2-5(a)所示，求作正垂面 P 斜切正四棱锥的截交线。

分析：截平面与棱锥的四条棱线相交，可判定截交线是四边形，其四个顶点分别是四条棱线与截平面的交点。因此，只要求出截交线的四个顶点在各投影面上的投影，然后依次连接顶点的同名投影，即得截交线的投影。

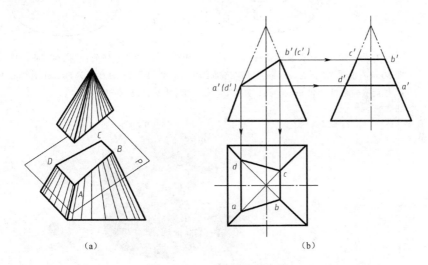

图 2-2-5　四棱锥的截交线

当用两个以上平面截切平面立体时，在立体上会出现切口、凹槽或穿孔等。作图时，只要作出各个截平面与平面立体的截交线，并画出各截平面之间的交线，就可作出这些平面立体的投影。

任务实施要求

完成任务书指定的任务，任务实施要求如下：

(1)教师统一讲解任务内容，演示并指导任务实施过程。

(2)学生根据任务表具体要求完成任务。

(3)教师归纳、总结任务完成情况。

（4）学生分享完成任务的心得体会。

任务2-2-3　圆柱体

任务	绘制圆柱类的零件图
目的	1. 明确回转体的概念,掌握圆柱的投影规律和画法 2. 掌握圆柱面上点投影的求法 3. 掌握带切口圆柱投影的画法
要求	1. 试作下列被截切圆柱的三面投影。（圆柱直径为30 mm,高度为40 mm） 2. 思考用相贯线简化画法完成如下三视图的绘制。（大圆柱筒:外径60 mm,内径40 mm,高80 mm;小圆柱筒外径45 mm,其最左端面到大圆柱筒的中心轴线距离为50 mm,其中心轴线与大圆柱筒底面距离为40 mm,小圆孔直径20 mm,贯穿大圆柱筒。）
后记	

知识点

- 圆柱的概念。
- 圆柱的投影特性。
- 圆柱尺寸标注的要求。

技能点

- 能正确绘制圆柱的三视图。

- 掌握圆柱面上取点的方法。
- 能正确绘制圆柱被切割时的三视图。
- 能正确标注圆柱的尺寸。

任务分析

圆柱由圆柱面、圆形的顶面和底面组成。圆柱面可看作是由一条直线（母线）绕着与其平行的一条轴回转形成圆柱面。如假定圆柱体的底面直径为 ϕ，高为 h。即可绘制出圆柱的三视图。通过在圆柱面上取一系列的特殊点和一般点的投影便可求出圆柱被截切时的投影。在任务实施过程中，强调自主、合作的学习气氛。

知识准备

(一) 曲面立体的投影及表面取点

曲面立体的曲面是由一条母线（直线或曲线）绕定轴回转而形成的。在投影图上表示曲面立体就是把围成立体的回转面或平面与回转面表示出来。如圆柱、圆锥和球。

1. 圆柱的投影

圆柱表面由圆柱面和两底面所围成。圆柱面可看作一条直母线 AB 围绕与它平行的轴线 OO_1 回转而成。圆柱面上任意一条平行于轴线的直线，称为圆柱面的素线。

画图时，一般常使它的轴线垂直于某个投影面。

如图 2-2-6(a) 所示，圆柱的轴线垂直于侧面，圆柱面上所有素线都是侧垂线，因此圆柱面的侧面投影积聚为一个圆。圆柱左、右两个底面的侧面投影反映实形并与该圆重合。两条相互垂直的点画线，表示确定圆心的对称中心线。圆柱面的正面投影是一个矩形，是圆柱面前半部与后半部的重合投影，其左右两边分别为左右两底面的积聚性投影，上、下两边 $a'a'_1$、$b'b'_1$ 分别是圆柱最上、最下素线的投影。最上、最下两条素线 AA_1、BB_1 是圆柱面由前向后的转向线，是正面投影中可见的前半圆柱面和不可见的后半圆柱面的分界线，也称为正面投影的转向轮廓素线。同理，可对水平投影中的矩形进行类似的分析。

总结圆柱的投影特征：当圆柱的轴线垂直某一个投影面时，必有一个投影为圆形，另外两个投影为全等的矩形。

2. 圆柱面上点的投影

方法：利用点所在表面的积聚性（因为圆柱的圆柱面和两底面均至少有一个投影具有积聚性）。

如图 2-2-6(b) 所示，已知圆柱面上点 M 的正面投影 m'，求作点 M 的其余两个投影。

因为圆柱面的投影具有积聚性，圆柱面上点的侧面投影一定重影在圆周上。又因为 m' 可见，所以点 M 必在前半圆柱面上，由 m' 求得 m''，再由 m' 和 m'' 求得 m。

(二) 圆柱的切割

平面截切圆柱时，根据截平面与圆柱轴线的相对位置不同，其截交线有三种不同的形状。见表 2-2-1。

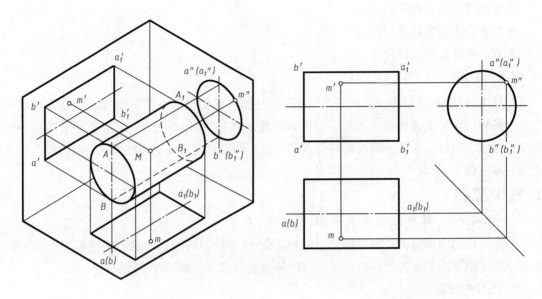

（a）立体图　　　　　　　　　　　　　　　　（b）投影图

图 2-2-6　圆柱的投影及表面上的点

表 2-2-1　圆柱被不同位置截平面截切时投影

截平面位置	平行于轴线	垂直于轴线	倾斜于轴线
截交线	直　线	圆	椭　圆
轴测图			
投影图			

如图 2-2-7（a）所示，求圆柱被正垂面截切后的截交线。

分析：截平面与圆柱的轴线倾斜，故截交线为椭圆。此椭圆的正面投影积聚为一直线。由于圆柱面的水平投影积聚为圆，而椭圆位于圆柱面上，故椭圆的水平投影与圆柱面水平投影重合。椭圆的侧面投影是它的类似形,仍为椭圆。可根据投影规律由正面投影和水平投影求出侧面投影。

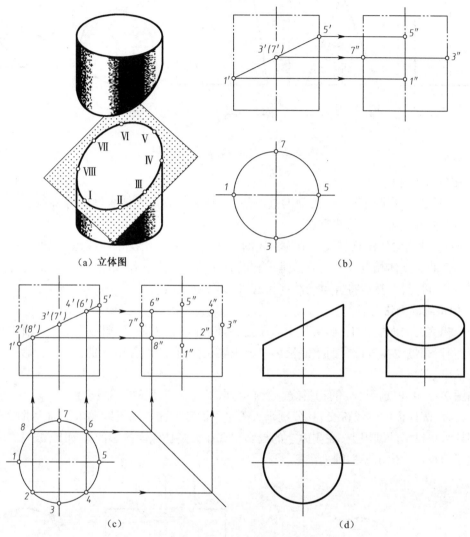

（a）立体图　　　　　　　　　　　　　　　　　　（b）

（c）　　　　　　　　　　　　　　　　（d）

图 2-2-7　圆柱的截交线

（三）曲面立体的尺寸标注

圆柱和圆锥应注出底圆直径和高度尺寸,圆锥台还应加注顶圆的直径。直径尺寸应在其数字前加注符号"φ",一般注在非圆视图上。这种标注形式用一个视图就能确定其形状和大小,其他视图就可省略,如图 2-2-8(a)、(b)、(c)所示。

标注圆球的直径和半径时,应分别在"φ、R"前加注符号"S",如图 2-2-8(d)、(e)所示。

（四）圆柱的相贯

1. 相贯线的概念

两个基本体相交(或称相贯),表面产生的交线称为相贯线。本节只讨论最为常见的两个曲面立体相交的问题。

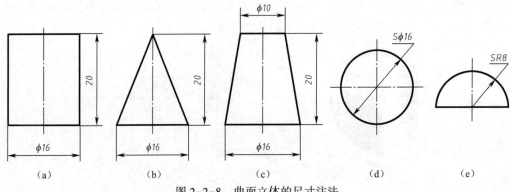

图 2-2-8　曲面立体的尺寸注法

2. 相贯线的性质

（1）相贯线是两个曲面立体表面的共有线，也是两个曲面立体表面的分界线。相贯线上的点是两个曲面立体表面的共有点。

（2）两个曲面立体的相贯线一般为封闭的空间曲线，特殊情况下可能是平面曲线或直线。

求两个曲面立体相贯线的实质就是求它们表面的共有点。作图时，依次求出特殊点和一般点，判别其可见性，然后将各点光滑连接起来，即得相贯线。

3. 相贯线的画法

两个相交的曲面立体中，如果其中一个是柱面立体（常见的是圆柱面），且其轴线垂直于某投影面时，相贯线在该投影面上的投影一定积聚在柱面投影上，相贯线的其余投影可用表面取点法求出。

如图 2-2-9 正交两圆柱的相贯线（a）所示，求正交两圆柱体的相贯线。

分析：两圆柱体的轴线正交，且分别垂直于水平面和侧面。相贯线在水平面上的投影积聚在小圆柱水平投影的圆周上，在侧面上的投影积聚在大圆柱侧面投影的圆周上，故只需求作相贯线的正面投影。出示模型辅助讲解。

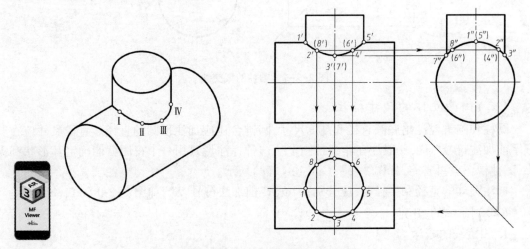

图 2-2-9　正交两圆柱的相贯线

　　相贯线的作图步骤较多,如对相贯线的准确性无特殊要求,当两圆柱垂直正交且直径有相差时,可采用圆弧代替相贯线的近似画法。如图 2-2-10 相贯线的近似画法所示,垂直正交两圆柱的相贯线可用大圆柱的 $D/2$ 为半径作圆弧来代替。

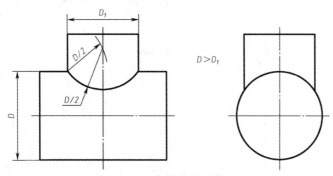

图 2-2-10　相贯线的近似画法

4. 两圆柱正交相贯

　　两圆柱正交有三种情况:(1)两外圆柱面相交;(2)外圆柱面与内圆柱面相交;(3)两内圆柱面相交。这三种情况的相交形式虽然不同,但相贯线的性质和形状一样,求法也是一样的。如图 2-2-11 所示。

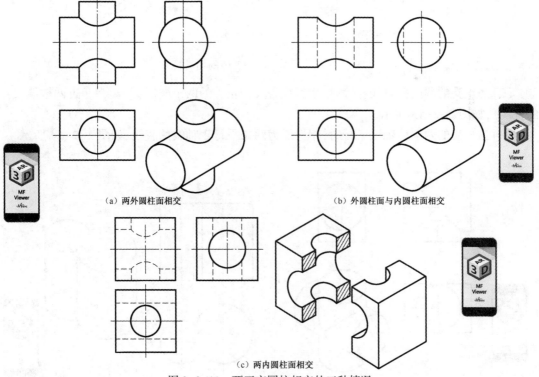

(a) 两外圆柱面相交　　　　　　(b) 外圆柱面与内圆柱面相交

(c) 两内圆柱面相交

图 2-2-11　两正交圆柱相交的三种情况

5. 相贯线的特殊情况

　　两曲面立体相交,其相贯线一般为空间曲线,但在特殊情况下也可能是平面曲线或直线。

（1）两个曲面立体具有公共轴线时，相贯线为与轴线垂直的圆，如图 2-2-12 所示。

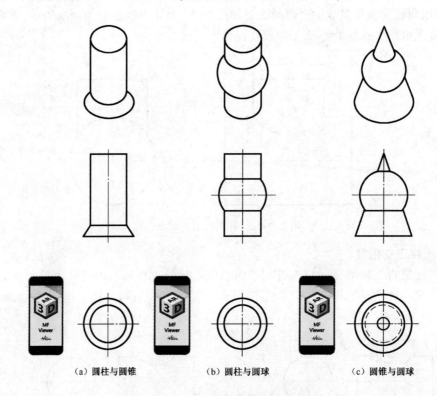

（a）圆柱与圆锥　　　　　　　（b）圆柱与圆球　　　　　　　（c）圆锥与圆球

图 2-2-12　两个同轴回转体的相贯线

（2）当正交的两圆柱直径相等时，相贯线为大小相等的两个椭圆（投影为通过两轴线交点的直线），如图 2-2-13 所示。

（3）当相交的两圆柱轴线平行时，相贯线为两条平行于轴线的直线，如图 2-2-14 所示。

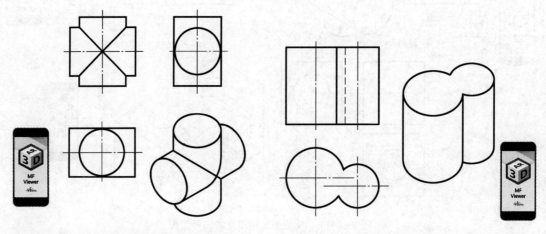

图 2-2-13　正交两圆柱直径相等时的相贯线　　　　图 2-2-14　相交两圆柱轴线平行时的相贯线

任务 2-2-4　圆锥

任务	绘制圆锥的三视图
目的	1. 掌握圆锥的投影规律和画法 2. 掌握圆锥面上点投影的求法 3. 掌握带切口圆锥投影的画法
要求	求下列情况下圆锥被截切时的三面视图(底圆直径 40 mm,高 40 mm)并标注尺寸。
后记	

知识点

- 圆锥的概念。
- 圆锥的投影特性。
- 圆锥尺寸标注的要求。

技能点

- 掌握画圆锥三视图的方法和步骤。
- 掌握圆锥面上取点的方法。
- 能正确绘制切割圆锥体的三视图。
- 能正确标注圆锥的尺寸。

任务分析

　　圆锥面可看作是由一条直线(母线)绕着与其相交的一条轴线回转,形成圆锥面。如假定圆锥体的底面直径为 φ,高为 h。即可绘制出圆锥三视图。通过在圆锥面上取一系列的特殊点和一般点的投影便可求出圆锥被截切时的投影。在任务实施过程中,强调自主、合作的学习气氛。

知识准备

(一) 圆锥的投影及其表面取点

1. 圆锥的投影

　　圆锥表面由圆锥面和底面所围成。圆锥面可看作是一条直母线 SA 围绕与它相交的轴线 SO 回转而成。在圆锥面上通过锥顶的任一直线称为圆锥面的素线。画圆锥面的投影时,也常使它的轴线垂直于某一投影面。

　　图 2-2-15(a) 所示圆锥的轴线是铅垂线,底面是水平面,图 2-2-15(b) 是它的投影图。

圆锥的水平投影为一个圆,反映底面的实形,同时也表示圆锥面的投影。圆锥的正面、侧面投影均为等腰三角形,其底边为圆锥底面的积聚性投影。正面投影中三角形的两腰 $s'a'$、$s'c'$ 分别表示圆锥面最左、最右轮廓素线 SA、SC 的投影,他们是圆锥面正面投影可见与不可见的分界线。SA、SC 的水平投影 sa、sc 和横向中心线重合,侧面投影 $s''a''(c'')$ 与轴线重合。同理可对侧面投影中三角形的两腰进行类似的分析。

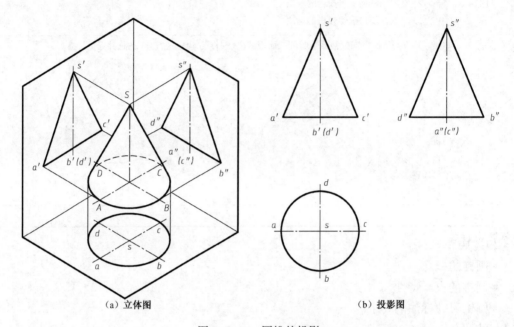

(a) 立体图　　　　　　　　　　　　　　　(b) 投影图

图 2-2-15　圆锥的投影

总结圆锥的投影特征:当圆锥的轴线垂直某一个投影面时,则圆锥在该投影面上投影为与其底面全等的圆形,另外两个投影为全等的等腰三角形。

2. 圆锥面上点的投影

方法:

(1)辅助素线法。

(2)辅助纬圆法。

如图 2-2-16、图 2-2-17 所示,已知圆锥表面上 M 的正面投影 m',求作点 M 的其余两个投影。因为 m' 可见,所以 M 必在前半个圆锥面的左边,故可判定点 M 的另两面投影均为可见。作图方法有两种:

作法一:辅助素线法　如图 2-2-16(a)所示,过锥顶 S 和 M 作一直线 SA,与底面交于点 A。点 M 的各个投影必在此 SA 的相应投影上。在图 2-2-16(b)中过 m' 作 $s'a'$,然后求出其水平投影 sa。由于点 M 属于直线 SA,根据点在直线上的从属性质可知 m 必在 sa 上,求出水平投影 m,再根据 m、m' 可求出 m''。

作法二:辅助线圆法　如图 2-2-17(a)所示,过圆锥面上点 M 作一垂直于圆锥轴线的辅助圆,点 M 的各个投影必在此辅助线圆的相应投影上。在图 2-2-17(b)中过 m' 作水平线 $a'b'$,此为辅助线圆的正面投影积聚线。辅助线圆的水平投影为一直径等于 $a'b'$ 的圆,圆心为 s,

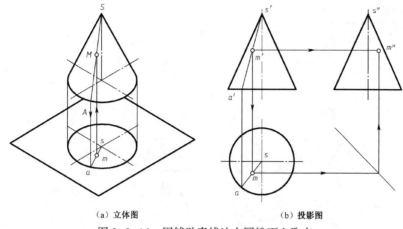

（a）立体图　　　　　　　　　（b）投影图

图 2-2-16　用辅助素线法在圆锥面上取点

由 m' 向下引垂线与此圆相交,且根据点 M 的可见性,即可求出 m。然后再由 m' 和 m 可求出 m''。

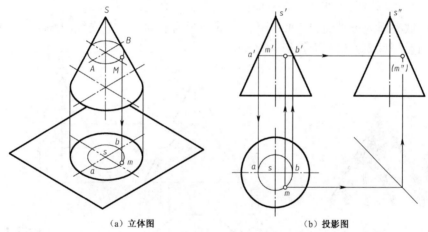

（a）立体图　　　　　　　　　（b）投影图

图 2-2-17　用辅助纬圆法在圆锥面上取点

（二）圆锥的切割

平面截切圆锥时,根据截平面与圆锥轴线的相对位置不同,其截交线有五种不同的情况。对照表 2-2-2 分析讲解。

表 2-2-2　平面与圆锥的截交线

截平面位置	垂直于轴线	与轴线倾斜(不平行于任一条素线)	平行于一条素线	平行于轴线	过锥顶
截交线	圆	椭圆	抛物线	双曲线	两相交直线
轴测图					

续表

截平面位置	垂直于轴线	与轴线倾斜(不平行于任一条素线)	平行于一条素线	平行于轴线	过锥顶
截交线	圆	椭 圆	抛物线	双曲线	两相交直线
投影图					

如图 2-2-18(a)所示,求作被正平面截切的圆锥的截交线。

分析:因截平面为正平面,与轴线平行,故截交线为双曲线。截交线的水平投影和侧面投影都积聚为直线,只需求出正面投影。

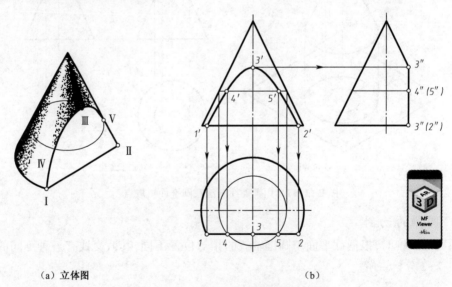

（a）立体图　　　　　　　　　　　　　　（b）

图 2-2-18　正平面截切圆锥的截交线

任务实施要求

完成任务指定的任务,任务实施要求如下:

(1)教师统一讲解任务内容,演示并指导任务实施过程。

(2)学生根据任务表具体要求完成任务。

(3)教师归纳、总结任务完成情况。

(4)学生分享完成任务的心得体会。

任务书 **任务 2-2-5 球体**

任务	绘制球体的三视图
目的	1. 理解圆球的投影规律和画法 2. 掌握圆球面上点投影的求法 3. 掌握带切口圆球投影的画法
要求	试作下列情况半球体被切时的三面投影(球体直径为 40 mm)(采用 A4 图纸横向放置,建议按 1∶1 比例绘图)
后记	

知识点

- 球体的形成。
- 球体上点的取法。
- 球体的尺寸标注。

技能点

- 能正确绘制球的三视图。
- 掌握球体上取点的方法。
- 能正确绘制切割球体的三视图。
- 能正确标注圆球的尺寸。

任务分析

球的表面是球面。球面是一条圆母线绕过圆心且在同一平面上的轴线回转而形成的。如假定球体的直径为 φ,即可绘制出圆球的三视图。通过在球面上取一系列的特殊点和一般点的投影便可求出球体被截切时的投影。在任务实施过程中,强调自主、合作的学习气氛。

知识准备

(一)球体的投影及表面取点

1. 圆球的投影

圆球的表面是球面,如图 2-2-19(a)所示,圆球面可看作是一条圆母线绕通过其圆心的轴线回转而成。

如图 2-2-19(b)所示为圆球的投影。圆球在三个投影面上的投影都是直径相等的圆,但这三个圆分别表示三个不同方向的圆球面轮廓素线的投影。正面投影的圆是平行于 V 面的圆素线 A(它是前面可见半球与后面不可见半球的分界线)的投影。与此类似,侧面投影的圆是平行于 W 面的圆素线 C 的投影;水平投影的圆是平行于 H 面的圆素线 B 的投影。这三条圆素线的其他两面投影,都与相应圆的中心线重合,不应画出。

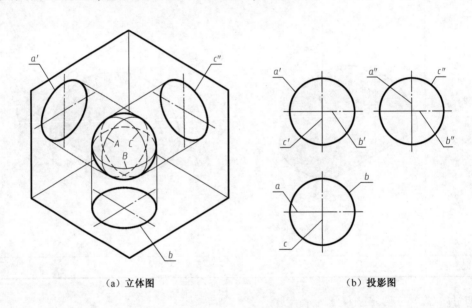

(a) 立体图　　　　　　　　　　　　　　(b) 投影图

图 2-2-19　圆球的投影

2. 圆球面上点的投影

方法:辅助圆法。圆球面的投影没有积聚性,求作其表面上点的投影需采用辅助圆法,即过该点在球面上作一个平行于任一投影面的辅助圆。

举例:如图 2-2-20(a)所示,已知球面上点 M 的水平投影,求作其余两个投影。过点 M 作一平行于正面的辅助圆,它的水平投影为过 m 的直线 ab,正面投影为直径等于 ab 长度的圆。自 m 向上引垂线,在正面投影上与辅助圆相交于两点。又由于 m 可见,故点 M 必在上半个圆周上,据此可确定位置偏上的点即为 m',再由 m、m' 可求出 m'',如图 2-2-20(b)所示。

(二)圆球的切割

平面在任何位置截切圆球的截交线都是圆。当截平面平行于某一投影面时,截交线在该

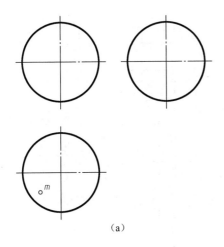

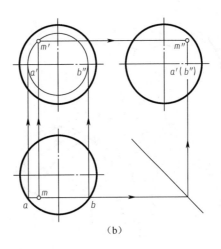

（a）　　　　　　　　　　　　　　　（b）

图 2-2-20　圆球面上点的投影

投影面上的投影为圆的实形，在其他两面上的投影都积聚为直线，如图 2-2-21 所示。

如图 2-2-22 所示，完成开槽半圆球的截交线。

分析：球表面的凹槽由两个侧平面和一个水平面切割而成，两个侧平面和球的交线为两段平行于侧面的圆弧，水平面与球的交线为前后两段水平圆弧，截平面之间的交线为正垂线。

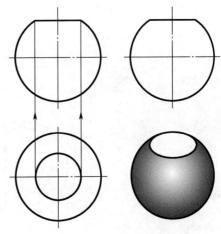

任务实施要求

完成任务书指定的任务，任务实施要求如下：

（1）教师统一讲解任务内容，演示并指导任务实施过程。

（2）学生根据任务表具体要求完成任务。

（3）教师归纳、总结任务完成情况。

（4）学生分享完成任务的心得体会。

图 2-2-21　圆球的截交线

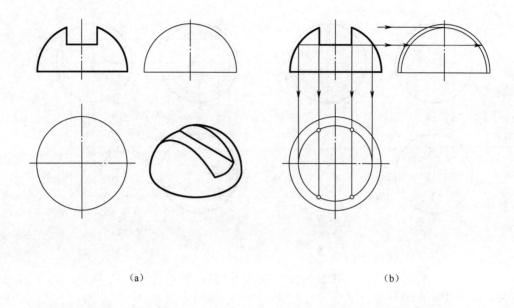

（a） （b）

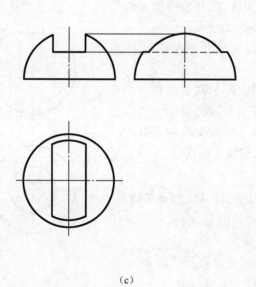

（c）

图 2-2-22 开槽圆球的截交线

项目 2-3　组合体的三视图

任务 2-3-1　组合体三视图的绘制和标注

任务	组合体三视图绘制和标注
目的	1. 明确组合体的概念； 2. 熟悉形体分析的方法,掌握组合体三视图的绘制方法。
要求	绘制下列组合体的三视图,并标注尺寸(用 A4 图纸,绘图比例 1∶1)
后记	

知识点

- 组合体概念。
- 组合体表面连接关系及其画法。
- 组合体形体分析。
- 组合体三视图的画法和标注。

技能点

- 能正确进行组合体形体分析。
- 能独立完成组合体三视图的绘制和标注。

任务分析

本次任务主要明确组合体的概念,熟悉形体分析的方法,掌握组合体三视图的绘制方法。

知识准备

1. 组合体概念

任何一个机械零件都可以看成由若干个基本几何体组成,由两个或两个以上的基本体组合而成的物体称为组合体。这些基本几何体包括棱柱、棱锥、圆柱、圆锥、球和圆环等。组合体的组合形式有叠加型、切割型和综合型三种形式,如图 2-3-1 所示。

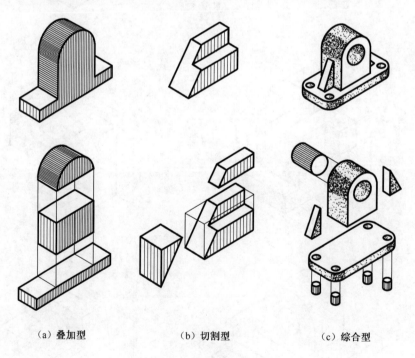

(a) 叠加型　　　　　(b) 切割型　　　　　(c) 综合型

图 2-3-1　组合体的组合形式

2. 组合体表面间连接关系及其画法

(1) 两表面平齐与不平齐

如图 2-3-2(a) 立体图所示,带孔拱形体的平面 1 与下面底板的平面 2 平齐,此时两形体

之间不存在分界线,主、俯视图不画分界线。而图 2-3-2(b)表示两个形体相互错开,即平面 1
与平面 2 不平齐,分界线要画出。

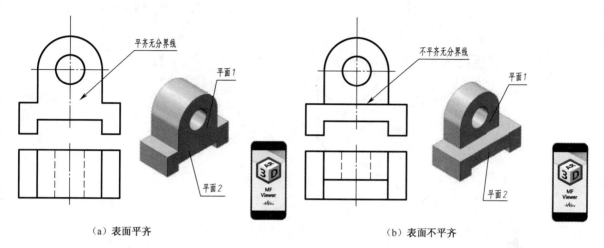

（a）表面平齐　　　　　　　　　　　　　　　　　　（b）表面不平齐

图 2-3-2　两表面平齐与不平齐及画法

（2）两表面相切

图 2-3-3(a)所示的形体,其底板前后两平面与圆柱表面属于相切。图示情况下,在俯视
图中就表现为直线与圆相切;在主视图和左视图中,对应切点不应画出切线,即两面相切处不
画线,底板上表面的投影只画至切点 A 处,如图 2-3-3(a)图所示 a'、a'' 和 b'、b''。图 2-3-3
(b)所示是错误的画法。

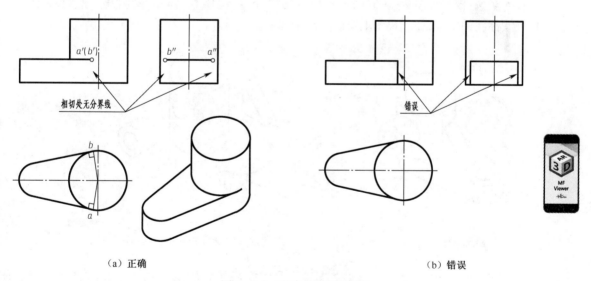

（a）正确　　　　　　　　　　　　　　　　　　　　（b）错误

图 2-3-3　两表面相切及画法

（3）两表面相交

图 2-3-4(a)所示的形体,其耳板与圆柱表面属于相交。两形体相交,其表面交线的投影
必须画出。图 2-3-4(b)所示是错误的画法。

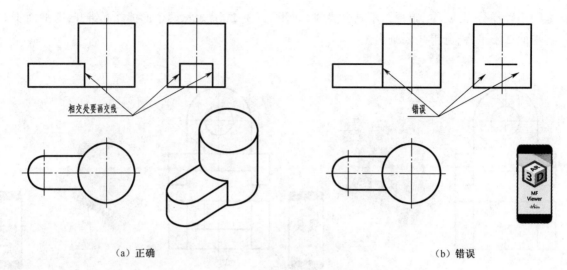

（a）正确　　　　　　　　　　　　　　　　　（b）错误

图 2-3-4　两表面相交及画法

3. 画组合体视图的方法与步骤

画组合体三视图时,假想把组合体分成若干个基本体,明确各基本体的形状、相互之间的位置、组合形式以及表面的连接关系,这种分析方法称为形体分析法。

如图 2-3-5(a)所示,该座体可以看成底板与大圆筒叠加后,再与水平小圆筒相贯,加上肋板而形成,其构成的基本立体为棱柱和圆柱。在画图、读图和标注尺寸的过程中,常常要运用形体分析法。

任务实例:根据如图 2-3-5(a)所示所给的组合体(座体)立体图,绘制其三视图,并按组合体尺寸标注的要求,在三视图上正确地注出尺寸。

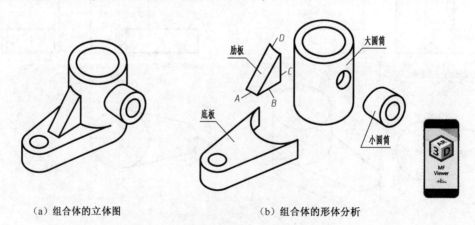

（a）组合体的立体图　　　　　　　　　　（b）组合体的形体分析

图 2-3-5　组合体(座体)的立体图及形体分析

（1）分析座体的结构特点,即形体分析。从所给座体立体图可以看出,该座体主要以叠加("+")的方式形成,因而可采用分解("-")的方式进行形体分析。

首先,抓住构成形体的主要部分。通常每一工程形体都是为了满足某些功能性而设计出来的,在进行形体分析时可设想形体结构的功能,从而迅速抓住形体的主要部分及特征。该形体最突出的部分是底板和大圆筒,底板上有一个孔,可以设想为安装孔,大圆筒与底板做成一体并用肋板连接,增强其刚度,而通过其上的小圆筒,可为转动的轴添加润滑油。

其次,根据理解形体及画图的需要,将形体按基本几何体假想分解成若干部分,以看清各组成部分的形状、结构及相互关系。如图 2-3-5(b)所示,可假想该形体由四个部分构成:①底板与大圆筒相切并钻有一个孔。②大圆筒为一圆柱体(中间有一圆柱孔),位于底板中间部分并与底板相切。③小圆筒可可看作是大圆筒的附加部分,与大圆筒正交相贯。由于小圆筒的孔通向大圆筒内孔,因而只能是内孔与内孔相贯,外圆柱面与外圆柱面相贯。④肋板起加强大圆筒刚度的作用,与大圆筒的外圆柱面相交。

通过分析得知该形体的结构特征是:主要以叠加方式由棱柱和圆柱两种基本形体、五个部分构成,为左、右结构,该形体不对称。

(2)选择主视图的投射方向。画投影图的目的是为了正确、完整、清晰地表达物体,以便让他人通过看图来理解物体。因为主视图应反映物体的主要形状、机构,所以主视图的选择将直接影响物体表达的清晰与否,影响物体表达方案的好与差。通常要求主视图能较多地反映物体的形体特征,即反映各组成部分的形状特点和相互位置关系。

如图 2-3-6 所示,从 A 向方向看去所得视图,满足上述基本要求,可作为组合体的主视图。主视图确定后,其他视图的方向则随之确定。

(3)选择图纸幅面和比例。根据组合体的复杂程度和尺寸大小,应尽量选择国家标准规定的图幅和比例。在选择时,应充分考虑到视图、尺寸、技术要求及标题栏的大小和位置等。

(4)布置视图,画作图基准线。根据组合体的总尺寸通过简单计算将各视图均匀地布置在图框内。各视图位置确定后,用细点画线或细实线画出作图基准线。作图基准线一般为底面、对称面、重要端面、重要轴线等,如图 2-3-7(a)所示。

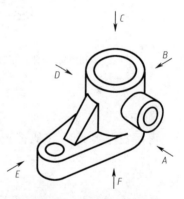

图 2-3-6 座体主视图的选择

(5)画底搞。依次画出每个简单形体的三视图,如图 2-3-7(b)~(f)所示。画底稿时应注意:

①在画各基本体的视图时,应先画主要形体,后画次要形体,先画可见的部分,后画不可见的部分。如图中先画底板和大圆柱,后画肋板和小圆柱。

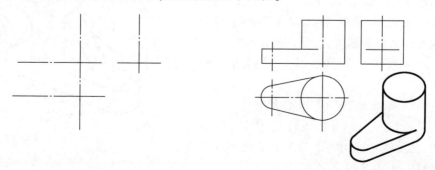

(a)布置视图并画出作图基准线　　　　(b)画底板和大圆柱的三视图

图 2-3-7 座体三视图的作图步骤

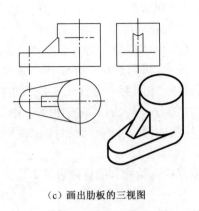
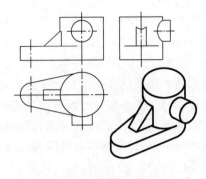

（c）画出肋板的三视图 　　　　　　　　　（d）画出小圆柱的三视图

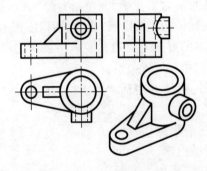
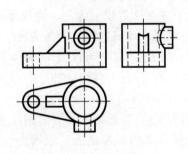

（e）画出底板、大圆柱、小圆柱的圆孔 　　　　　　（f）检查、描深

图 2-3-7　座体三视图的作图步骤（续）

②画每一个基本形体时，一般应该三个视图对应着一起画，先画反映实形或有特征的视图，再按投影关系画其他视图（如图中底板和大圆柱先画出俯视图，肋板先画出俯视图，小圆柱先画出主视图等）尤其要注意必须按投影关系正确地画出平行、相切和相交处的投影。

（6）检查、描深。底稿完成后，应认真进行检查，然后再描深，结果如图 2-3-7(f) 所示。

（7）座体尺寸标注。

①选定尺寸标注的主要基准

如图 2-3-8 所示，长度方向以大圆筒和小圆筒轴线所在地平面为主要基准；宽度方向以对称平面为主要基准；高度方向以底板的底平面为主要基准。

②标注各组成部分的定形和定位尺寸

用形体分析法将形体分析成底板、大圆筒、小圆筒和肋板，然后逐一标出各部分的定形和定位尺寸，如图 2-3-9 所示。

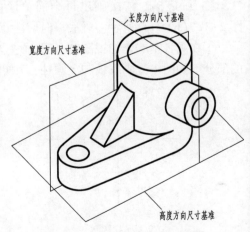

图 2-3-8　座体的主要尺寸基准

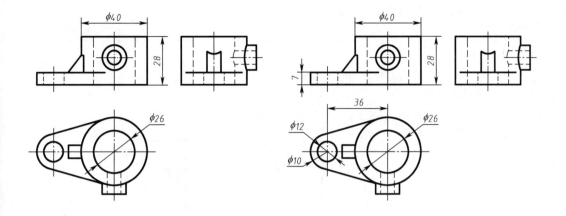

（a）大圆筒定形尺寸　　　　　　　　　　　　　（b）底板定形和定位尺寸

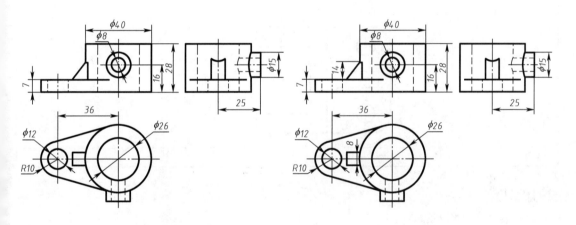

（c）小圆筒定形和定位尺寸　　　　　　　　　　（d）肋板定形和定位尺寸

图 2-3-9　座体尺寸标注的步骤

任务实施要求

完成任务书指定任务,任务实施要求如下:

（1）教师统一讲解任务内容,演示并指导任务实施过程。

（2）学生根据任务表具体要求完成任务。

（3）教师归纳、总结任务完成情况。

（4）学生分享完成任务的心得体会。

任务 2-3-2　读组合体视图

任务	读组合体视图
目的	1. 熟悉形体分析的方法,掌握组合体三视图的读图方法; 2. 提高绘图能力。
要求	绘制下列组合体的三视图,并标注尺寸(用 A4 图纸,绘图比例 1∶1)。 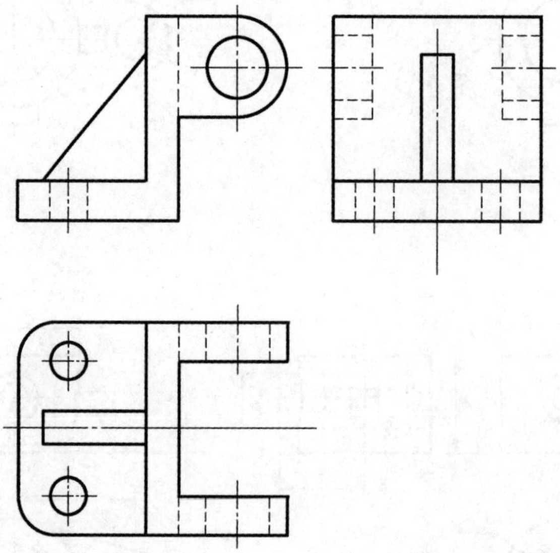
后记	

知识点

- 组合体读图方法。
- 组合体读图注意事项。

技能点

- 组合体形体分析。
- 识读组合体三视图

任务分析

掌握组合体三视图的读图方法,提高绘图能力。

知识准备

根据已经画好的组合体三视图,运用投影原理和方法,想象出其形状和结构,这就是读组合体视图。读图是画图的逆过程,画图是由物到图,读图是由图想象物,二者是互相联系的两个过程。

1. 读图的基本知识

(1)几个视图联系起来看

一般情况下,一个视图不能完全确定物体的形状。如图 2-3-10 所示的五组视图,它们的主视图都相同,但实际上是五个不同形状的物体。

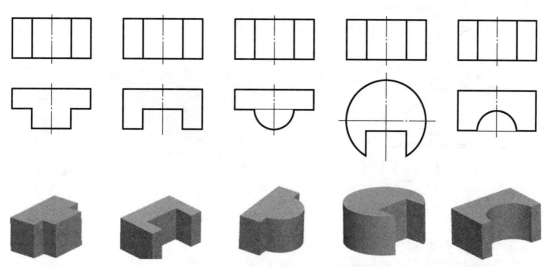

图 2-3-10　一个视图不能确定物体的形状

图 2-3-11 所示的三组视图,主视图、俯视图都相同,但也表示了三个不同形状的物体。

由此可见,读图时,一般都要将几个视图联系起来阅读、分析和构思,才能弄清物体的形状。

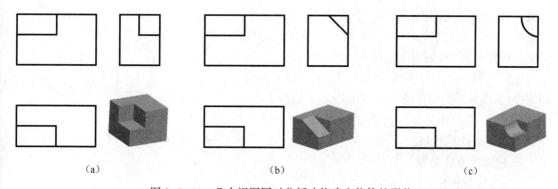

（a）　　　　　　　　　　（b）　　　　　　　　　　（c）

图 2-3-11　几个视图同时分析才能确定物体的形状

（2）寻找特征视图

所谓特征视图,就是把物体的形状特征及相对位置反映得最充分的那个视图。例如图 2-3-10 中的俯视图及图 2-3-11 中的左视图。找到这个视图,再配合其他视图,就能较快地认清物体了。

但是,由于组合体的组成方式不同,物体的形状特征及相对位置并非总是集中在一个视图上,有时是分散于各个视图上。例如图 2-3-12 中的支架就是由四个形体叠加构成的。主视图反映形体 A、B 的特征,俯视图反映形体 D 的特征。所以在读图时,要抓住反映特征较多的视图。

（3）了解视图中的线框和图线的含义

弄清视图中线和线框的含义,是看图的基础。下面以图 2-3-13 为例说明。

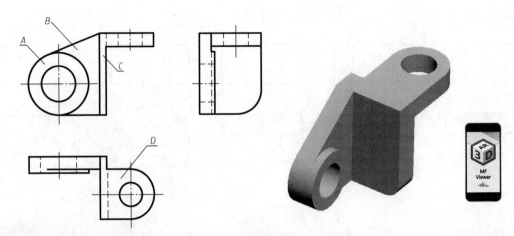

图 2-3-12　读图时应找出特征视图

视图中每个封闭线框,可以是形体上不同位置平面和曲面的投影,也可以是孔的投影。如图 2-3-13 中 A、B 和 D 线框是平面的投影,线框 C 是曲面的投影,而图 2-3-12 中的俯视图的圆线框为通孔的投影。

视图中的每一条图线可以是曲面的转向轮廓线的投影,如图 2-3-13 中直线 1 是圆柱的转向轮廓线;也可以是两表面的交线的投影,如图中直线 2(平面与平面的交线),还可以是直线 3(平面与曲面的交线);还可以是面的积聚性投影,如图中直线 4。

任何相邻的两个封闭线框,应是物体上相交的两个面的投影,或是同向错位的两个面的投影。如图 2-3-13 中 A 和 B、B 和 C 都是相交两表面的投影,B 和 D 则是前后平行两表面的投影。

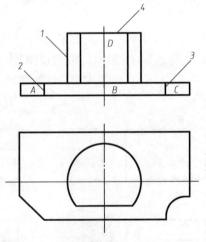

图 2-3-13　视图中线框和图线的含义

2. 读图的基本方法

(1)形体分析法

前面已经简单介绍过形体分析法,该方法是读图的基本方法。一般是从反映物体形状特征的主视图着手,对照其他视图,初步分析出该物体是由哪些基本体以及通过什么连接关系形成的。然后按投影特性逐个找出各个基本体在其他视图中的投影,以确定各基本体的形状和它们之间的相对位置,最后综合想象出物体的总体形状。

下面以轴承座图 2-3-14 为例,说明用形体分析法读图的方法。

从视图中分离出表示各基本体的线框。将主视图分为四个线框。其中线框 3 为左右完全相同的两个三角形,因此可归纳为三个线框。每个线框各代表一个基本形体,如图 2-3-14(a)所示。

(2)分别找出各个线框对应的其他投影,并结合各自的特征视图逐一构思它们的形状。

如图 2-3-14(b)所示,线框 1 的主俯两视图是矩形,左视图是 L 形,可以想象出该形体是一块直角弯板,板上钻了两个圆孔。

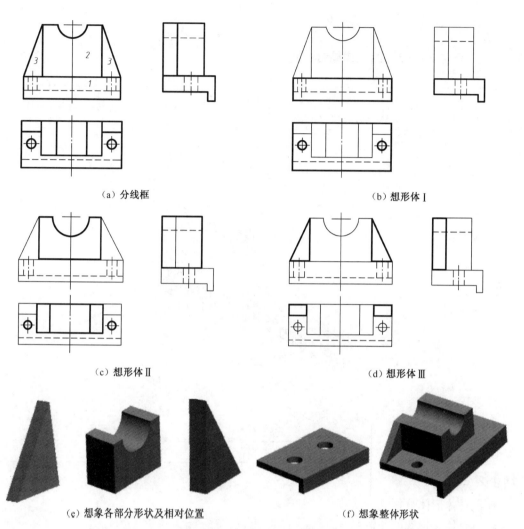

（a）分线框

（b）想形体Ⅰ

（c）想形体Ⅱ

（d）想形体Ⅲ

（e）想象各部分形状及相对位置

（f）想象整体形状

图 2-3-14　轴承座的读图方法

如图 2-3-14（c）所示，线框 2 的俯视图是一个中间带有两条直线的矩形。其左视图是一个矩形，矩形的中间有一条虚线，可以想象出它的形状是在一个长方体的中部挖了一个半圆槽。

如图 2-3-14（d）所示，线框 3 的俯视图、左两视图都是矩形。因此它们是两块三角形板对称地分布在轴承座的左右两侧。

（3）根据各部分的形状和它们的相对位置综合想象出其整体形状，如图 2-3-14（e）、（f）所示。

任务实施要求

完成任务书指定任务，任务实施要求如下：

（1）教师统一讲解任务内容，演示并指导任务实施过程。

（2）学生根据任务表具体要求完成任务。

（3）教师归纳、总结任务完成情况。

（4）学生分享完成任务的心得体会。

任务 2-3-3　组合体综合应用

任务	组合体综合应用
目的	进一步提高组合体三视图的绘图能力。
要求	完成下列三视图的绘制 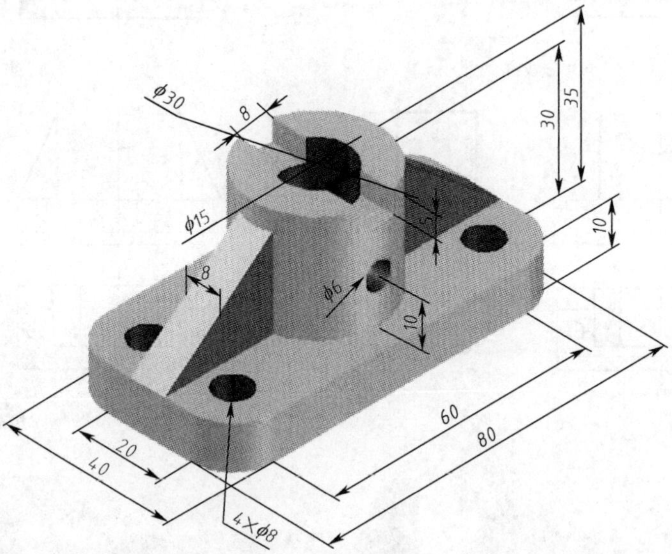
后记	

知识点

- 组合体形体分析法的应用。
- 组合体三视图的绘制与标注。

技能点

- 能运用形体分析法正确绘制组合体的三视图。
- 能运用形体分析法正确完成组合体三视图标注。

任务分析

画组合体视图时,首先要进行形体分析,在形体分析的基础上选择合适的投射方向,然后再画图。

知识准备

现以图 2-3-15 所示组合体为例说明组合体三视图的画法。

1. 形体分析

如图 2-3-15(a)所示的组合体,可分解成底板、圆筒和肋板。它们之间的组合形式是叠加。圆筒在底板的正上方,肋板在圆筒的两侧。底板和圆筒叠加后圆筒的孔贯穿底板;底板四周为圆角;圆筒上方有切口;正前方中间的孔可看成是从中切出一个圆柱。形体之间的表面连

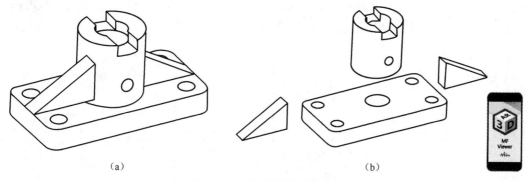

（a）　　　　　　　　　　　　　　　　　　　（b）

图 2-3-15　组合体的形体分析

接关系是：圆筒与肋板为相交，圆筒的孔与圆筒相贯。通过以上分析，对图 2-3-15 所示的组合体模型便有了较清楚的认识。

2. 选择主视图

表达物体形状的一组视图中，主视图是最主要的视图。主视图的投射方向确定后，其他视图的投射方向及视图之间配置也就确定了。选择主视图一般应考虑如下三点：

（1）主视图一般应根据形状特征原则选择，即表示物体信息量最多的那个视图作为主视图，所画的主视图能较多地表达组合体的形状特征及各基本形体的相互位置关系、组合形式等。

（2）物体主视图的选定，还要考虑使其他视图中呈现的虚线尽量少。

（3）为便于度量和易于作图，要将形体摆正放稳。摆正是使形体主要平面或轴线平行或垂直于基本投影面，以便在视图中得到面的实形或积聚性投影；放稳是使形体符合自然安放位置。

3. 选比例、定图幅

画图比例应根据所画组合体的大小和制图标准规定的比例来确定，一般尽量选用 1∶1 的比例，必要时可选用适当的放大或缩小比例。按选定的比例，根据组合体的长、宽、高计算出三个视图所占的面积，并考虑注尺寸以及视图之间、视图与图框之间的间距，据此选用合适的标准图幅。

4. 具体作图

在形体分析和选定主视图的基础上，先根据物体大小选用标准的画图比例和图幅，在图纸上画出边框和标题栏。然后可按图 2-3-16 所示步骤，绘制物体的三视图。

（1）画出形体的长、宽、高三个方向的作图定位基准线，以便于度量尺寸和视图定位。一般应选择形体的对称面、形体上主要部分的大平面或轴线的投影作为定位基准线。如图 2-3-16（a）画出底板的底面在主、左视图上的投影，作为形体高度方向的定位基准线；形体的前后对称面在俯、左视图上的投影，作为形体宽度方向的定位基准线；形体的左右对称面在主、俯视图上的投影，作为形体长度方向的定位基准线。

（2）逐个画出组合体各组成部分的三视图。一般先画形体的主要部分，每一部分的三个视图应按长对正、高平齐、宽相等的投影规律画出，以保证视图间的三等关系，提高画图速度。如图 2-3-16（b）所示，依次画出了底板、圆筒及肋板的三视图。

（3）依次画出各组成部分的内部结构及细节形状，如图 2-3-16（c）所示。

（4）检查、清理及描深。检查时应特别注意形体各组成部分之间的表面连接关系是否准确的表达出来。描探时,要力求做到线型一致,粗细分明,整齐清晰。描深的顺序,一般遵循先曲后直,先粗后细,由上而下,从左至右的规则,如2-3-17(d)所示。

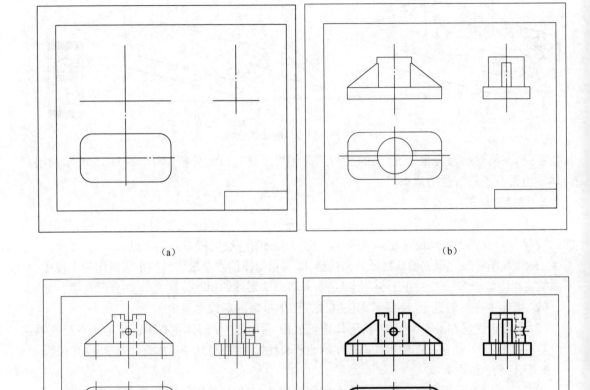

图 2-3-16　画组合体三视图的步骤

🔖任务实施要求

完成任务书指定任务,任务实施要求如下:

(1)教师统一讲解任务内容,演示并指导任务实施过程。

(2)学生根据任务表具体要求完成任务。

(3)教师归纳、总结任务完成情况。

(4)学生分享完成任务的心得体会。

项目2-4 正等轴测图绘制

任务书 **任务 2-4-1 正等轴测图绘制**

任务	绘制正等轴测图
目的	掌握简单零件正等轴测图的画法
要求	按 1∶1 比例绘制下列平面立体的正等轴测图。 （1） 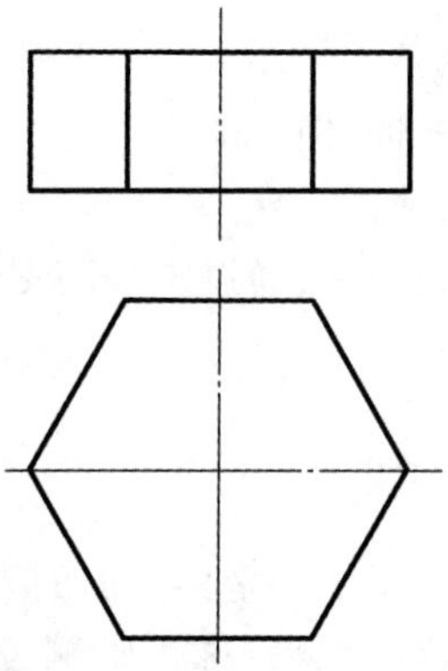 （2） 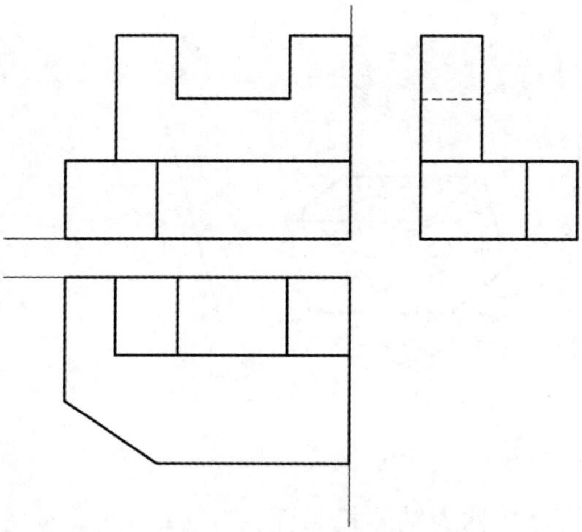
后记	

🔖知识点

- 正等轴测图的概念。
- 简单平面立体正等轴测图的画法。

🔖技能点

- 能正确绘制简单平面体的正等轴测图。

🔖任务分析

根据任务书的要求,按照正等轴测图的投影规律,画出指定的平面立体的正等轴测图。在任务实施过程中,强调自主、合作的学习气氛。

🔖知识准备

多面正投影图能完整、准确地反映物体的形状和大小,且度量性好、作图简单,但立体感不强,只有具备一定读图能力的人才能看懂。

有时工程上还需采用一种立体感较强的图来表达物体,即轴测图。轴测图是用轴测投影的方法画出来的富有立体感的视图,它接近人们的视觉习惯,但不能确切地反映物体真实的形状和大小,并且作图较正投影复杂,因而在生产中常作为辅助图样。

在制图教学中,轴测图也是发展空间构思能力的手段之一,通过画轴测图可以帮助想象物体的形状,培养空间想象能力。

(一)轴测图的基本知识

1. 轴测图的形成

将空间物体连同确定其位置的直角坐标系,沿不平行于任一坐标平面的方向,用平行投影法投射在某一选定的单一投影面上所得到的具有立体感的图形,称为轴测投影图,简称轴测图,如图 2-4-1 所示。

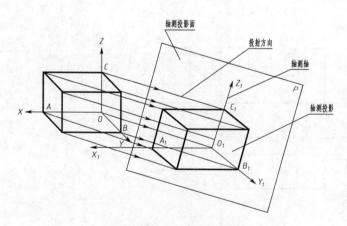

图 2-4-1　轴测图的形成

在轴测投影中,我们把选定的投影面 P 称为轴测投影面;把空间直角坐标轴 OX、OY、OZ 在轴测投影面上的投影 O_1X_1、O_1Y_1、O_1Z_1 称为轴测轴;把两轴测轴之间的夹角 $\angle X_1O_1Y_1$、$\angle Y_1O_1Z_1$、$\angle X_1O_1Z_1$ 称为轴间角;轴测轴上的单位长度与空间直角坐标轴上对应单位长度的比值,称为轴向伸缩系数。OX、OY、OZ 的轴向伸缩系数分别用 p_1、q_1、r_1 表示。例如,在

图 2-4- 1中,$p_1 = O_1A_1/OA$,$q_1 = O_1B_1/OB$,$r_1 = O_1C_1/OC$。

强调:轴间角与轴向伸缩系数是绘制轴测图的两个主要参数。

2. 轴测图的种类

(1)按照投射方向与轴测投影面的夹角的不同,轴测图可以分为:

①正轴测图——轴测投射方向(投影线)与轴测投影面垂直时投射所得到的轴测图。

②斜轴测图——轴测投射方向(投影线)与轴测投影面倾斜时投射所得到的轴测图。

(2)按照轴向伸缩系数的不同,轴测图可以分为:

①正(或斜)等测轴测图——$p_1 = q_1 = r_1$,简称正(斜)等测图;

②正(或斜)二等测轴测图——$p_1 = r_1 \neq q_1$,简称正(斜)二测图;

③正(或斜)三等测轴测图——$p_1 \neq q_1 \neq r_1$,简称正(斜)三测图;

本节只介绍工程上常用的正等测图和斜二测图的画法。

3. 轴测图的基本性质

(1)物体上互相平行的线段,在轴测图中仍互相平行;物体上平行于坐标轴的线段,在轴测图中仍平行于相应的轴测轴,且同一轴向所有线段的轴向伸缩系数相同,即轴测图只能在轴向方向测量。

(2)物体上不平行于坐标轴的线段,可以用坐标法确定其两个端点然后连线画出。

(3)物体上不平行于轴测投影面的平面图形,在轴测图中变成原形的类似形。如长方形的轴测投影为平行四边形,圆形的轴测投影为椭圆等。

(二)正等测图

1. 正等测图的形成及参数

(1)形成

如图 2-4-2(a)所示,如果使三条坐标轴 OX、OY、OZ 对轴测投影面处于倾角都相等的位置,把物体向轴测投影面投射,这样所得到的轴测投影就是正等测轴测图,简称正等测图。

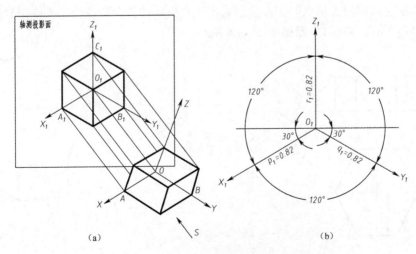

图 2-4-2 正等轴测图的形成及参数

（2）参数

图 2-4-2（b）表示了正等测图的轴测轴、轴间角和轴向伸缩系数等参数及画法。从图中可以看出，正等轴测图的轴间角均为 120°，且三个轴向伸缩系数相等。经推证并计算可知 $p_1 = q_1 = r_1 = 0.82$。为作图简便，实际画正等测图时采用 $p_1 = q_1 = r_1 = 1$ 的简化伸缩系数，即沿各轴向的所有尺寸都按物体的实际长度画图。按简化伸缩系数画出的图形比实际物体放大了 $1/0.82 \approx 1.22$ 倍。

2. 平面立体正轴测图的画法

（1）长方体的正等轴测图

分析：根据长方体的特点，选择其中一个顶点作为空间直角坐标系原点，并以过该顶点的三条棱线为坐标轴。先画出轴测轴，然后用各顶点的坐标分别定出长方体八个顶点的正等轴测投影，依次连接各顶点即可。作图方法与步骤如图 2-4-3 所示。

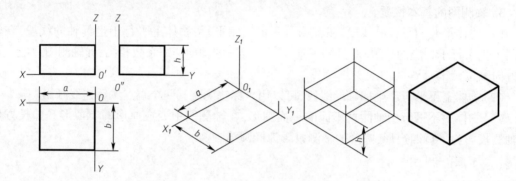

图 2-4-3　长方体的正等轴测图

（2）正六棱柱体的正等轴测图

分析：由于正六棱柱前后、左右对称，为了减少不必要的作图线，从顶面开始作图比较方便。故选择顶面的中点作为空间直角坐标系原点，棱柱的轴线作为 OZ 轴，顶面的两条对称线作为 OX、OY 轴。然后用各顶点的坐标分别定出正六棱柱的各个顶点的正等轴测投影，依次连接各顶点即可。作图方法与步骤如图 2-4-4 所示。

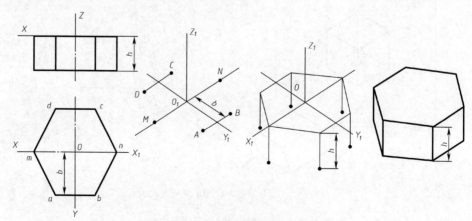

图 2-4-4　正六棱柱体的正等轴测图

（3）三棱锥的正等轴测图

分析：由于三棱锥由各种位置的平面组成，作图时可以先画锥顶和底面的正等轴测投影，然后连接各棱线即可。作图方法与步骤如图 2-4-5 所示。

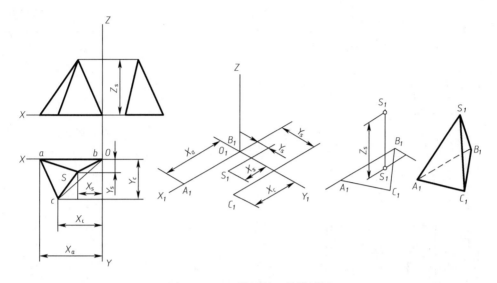

图 2-4-5　三棱锥的正等轴测图

（4）正等轴测图的作图方法总结

从上述三例的作图过程中，可以总结出以下两点：

①画平面立体的正等轴测图时，首先应选好坐标轴并画出轴测轴；然后根据坐标确定各顶点的位置；最后依次连线完成正等轴测图。具体画图时，应分析平面立体的形体特征，一般总是先画出物体上一个主要表面的正等轴测图。通常是先画顶面，再画底面；有时需要先画前面，再画后面，或者先画左面，再画右面。

②为使图形清晰，正等轴测图中一般只画可见的轮廓线，避免用虚线表达。

任务实施要求

完成任务书指定任务，任务实施要求如下：

（1）教师统一讲解任务内容，演示并指导任务实施过程。

（2）学生根据任务表具体要求完成任务。

（3）教师归纳、总结任务完成情况。

（4）学生分享完成任务的心得体会。

任务 2-4-2　斜二轴测图的绘制

任务	绘制简单零件斜二轴测图
目的	掌握斜二轴测图的画法
要求	1. 根据给出的视图,绘制其斜二轴测图 2. 画出下面物体的斜二轴测图 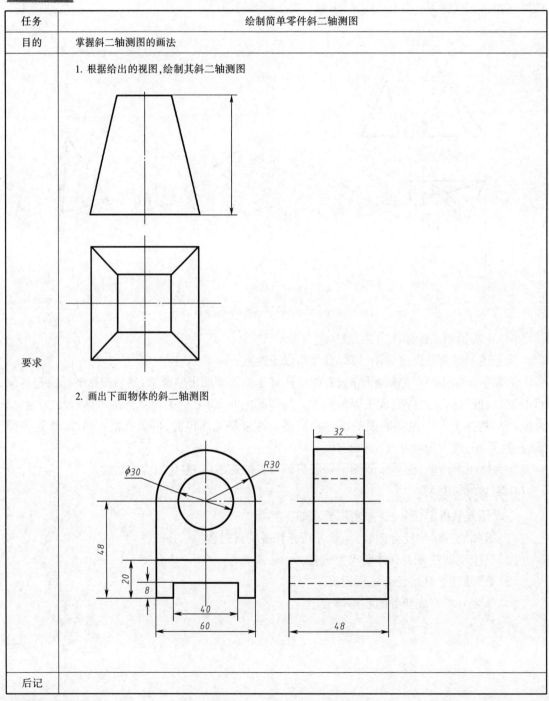
后记	

知识点

- 斜二轴测图的概念。

- 简单零件的斜二轴测图画法。

技能点

- 能正确绘制简单零件的斜二轴测图。

任务分析

根据任务书的要求,按照斜二轴测图的投影规律,画出指定简单零件的斜二轴测图。在任务实施过程中,强调自主、合作的学习气氛。

知识准备

(一)斜二测图的形成和参数

1. 斜二测图的形成

如图 2-4-6(a)所示,如果使物体的 XOZ 坐标面对轴测投影面处于平行的位置,采用平行斜投影法也能得到具有立体感的轴测图,这样所得到的轴测投影就是斜二等测轴测图,简称斜二测图。

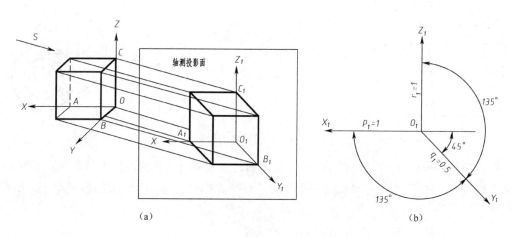

图 2-4-6　斜二轴测图的形成及参数

2. 斜二测图的参数

图 2-4-6(b)表示斜二测图的轴测轴、轴间角和轴向伸缩系数等参数及画法。从图中可以看出,在斜二测图中,$O_1X_1 \perp O_1Z_1$ 轴,O_1Y_1 与 O_1X_1、O_1Z_1 的夹角均为 $135°$,三个轴向伸缩系数分别为 $p_1 = r_1 = 1, q_1 = 0.5$。

3. 斜二测图的画法

斜二测图的画法与正等测图的画法基本相似,区别在于轴间角不同以及斜二测图沿 O_1Y_1 轴的尺寸只取实长的一半。在斜二测图中,物体上平行于 XOZ 坐标面的直线和平面图形均反映实长和实形,所以,当物体上有较多的圆或曲线平行于 XOZ 坐标面时,采用斜二测图比较方便。

(1)四棱台的斜二测图

作图方法与步骤如图 2-4-7 所示。

(2)圆台的斜二测图

作图方法与步骤如图 2-4-8 所示。

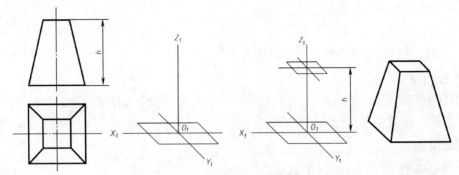

图 2-4-7　正四棱台斜二轴测图的画法

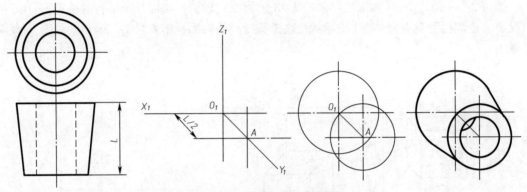

图 2-4-8　圆台的斜二轴测图

必须强调:只有平行于 XOZ 坐标面的圆的斜二测投影才反映实形,仍然是圆。而平行于 XOY 坐标面和平行于 YOZ 坐标面的圆的斜二测投影都是椭圆,其画法比较复杂,本书不做讨论。

(二)正等轴测图和斜二测图的优缺点

(1)在斜二测图中,由于平行于 XOZ 坐标面的平面的轴测投影反映实形,因此,当立体的正面形状复杂,具有较多的圆或圆弧,而在其他平面上图形较简单时,采用斜二测图比较方便。

(2)正等轴测图最为常用。优点:直观、形象、立体感强。缺点:椭圆作图复杂。

画简单体的轴测图时,首先要进行形体分析,弄清形体的组合方式及结构特点,然后考虑表达的清晰性,从而确定画图的顺序,综合运用坐标法、切割法、叠加法等画出简单基本体的轴测图。

🍳任务实施要求

完成任务书指定任务,任务实施要求如下:

(1)教师统一讲解任务内容,演示并指导任务实施过程。

(2)学生根据任务表具体要求完成任务。

(3)教师归纳、总结任务完成情况。

(4)学生分享完成任务的心得体会。

第三部分　零件图与装配图

　　零件图是表达单个零件形状、大小和特征的图样,也是在制造和检验机器零件时所用的图样,又称零件工作图。在生产过程中,根据零件图样和图样的技术要求进行生产准备、加工、制造及检验。因此,它是指导零件生产的重要技术文件。

　　装配图是表达机器或部件的工作原理、运动方式、零件间的连接及其装配关系的图样,它是生产中的主要技术文件之一。图 3-1-1 为节流阀。

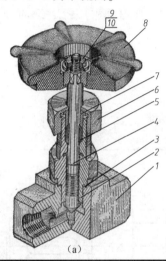

(a)

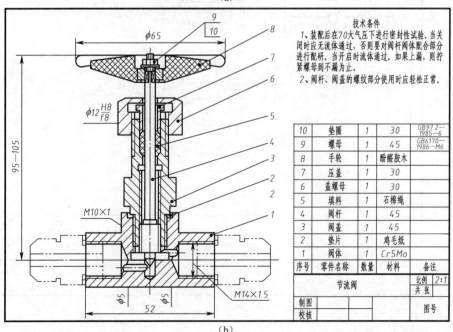

技术条件

1、装配后在70大气压下进行密封性试验,当关阀时应无流体通过,否则要对阀杆阀体配合部分进行配研。当开启时流体通过。如果上漏,则拧紧螺母到不漏为止。

2、阀杆、阀盖的螺纹部分使用时应轻松正常。

10	垫圈	1	30	GB97 2—1985—6
9	螺母	1	45	GB6170—1986—M6
8	手轮	1	酚醛胶木	
7	压盖	1	30	
6	盖螺母	1	30	
5	填料	1	石棉绳	
4	阀杆	1	45	
3	阀盖	1	45	
2	垫片	1	鸢毛纸	
1	阀体	1	Cr5Mo	
序号	零件名称	数量	材料	备注

节流阀		比例 2:1	
		共 张	
制图			图号
校核			

(b)

图 3-1-1　节流阀

项目 3-1　零件图识读基础

任务书　**任务　零件图识读**

项目	零件图识读
目的	1. 了解零件图的内容和作用 2. 掌握识读零件图的一般步骤和基本方法
要求	识读下图所示的轴零件图,回答下列问题: (1)该零件属于_____类零件,材料选用_____钢,钢种类为_____钢。零件图采用的比例为:_____,其含义是:_____ (2)零件上的键槽和小孔结构采用_____视图形式予以表达。请补画 B-B 视图 (3)轴上的键槽总长度为_____,宽度为_____,深度为_____,均为定_____尺寸,其定位尺寸为_____ (4)零件上表面粗糙度共有_____级要求,最高的是_____,共有_____处 (5)左端轴直径 φ28js6 为定_____尺寸,其基本尺寸为_____,上偏差为_____,下偏差为_____,最大极限尺寸为_____,最小极限尺寸为_____,公差为_____ 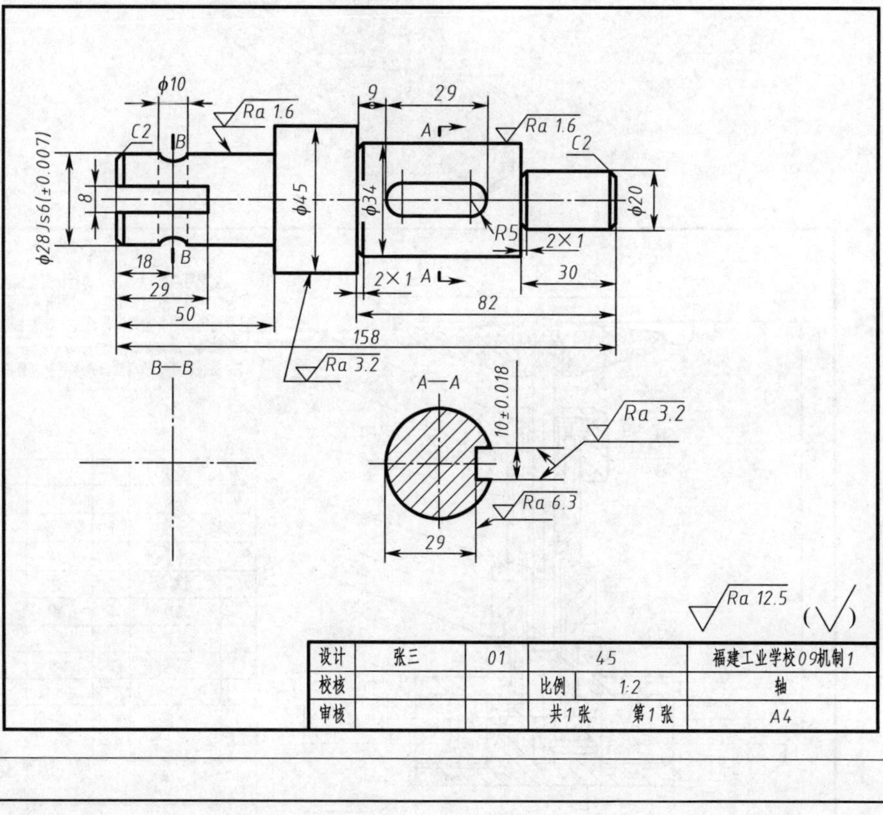 | 设计	张三	01	45	福建工业学校09机制1
校核		比例	1:2	轴
审核		共1张 第1张		A4	
后记	

知识点

- 零件图的作用及内容。

- 零件图的尺寸标注。
- 零件图的表达方案选择。
- 零件的工艺结构。

技能点

- 能合理标注零件图的尺寸。
- 能正确识读零件图的内容。

任务分析

任何一台机器或部件都是由若干个零件按一定的装配关系和设计、使用要求装配而成的。表达单个零件的结构特点、尺寸要求及制造技术要求的图样称为零件图,它是制造和检验零件的主要依据。

了解零件图的内容,分析其结构、表达方案、尺寸标注和制造工艺要求。

知识准备

(一)零件图的作用和内容

1. 零件图的作用

在生产中,加工制造零件的主要依据就是零件图。根据零件图中所注的材料进行备料,然后按零件图中的视图、尺寸和其他要求进行加工制造,再按技术要求检验加工出的零件是否达到规定的质量标准。由此可见,零件图是生产过程中进行加工制造与检验零件质量的重要技术文件。

2. 零件图的内容

一张完整的零件图应包括如下四个内容:一组视图、完整的尺寸、技术要求及标题栏,如图 3-1-2(a)所示[图 3-1-2(b)为滑动轴承座立体图]。

①一组图形　在零件图中须用一组视图来正确、完整、清晰地表达零件各部分的形状和结构。这一组视图可以是视图、剖视图、断面图及其他表示方法。

②完整的尺寸　用正确、清晰、完整、合理的尺寸,表示出零件各部分形状、大小及相对位置。

③技术要求　用规定符号和字母,说明零件在制造和检验时的技术性能方面必须达到的质量标准。技术要求的内容一般有:尺寸公差、形位公差、表面粗糙度、材料热处理及其他要求。

④标题栏　用于填写零件名称、绘图、校核、审核人姓名,材料,比例等。

(二)零件图表达方案的选择

零件的视图表达是根据零件选择一组合适的图形,以表示其内、外部结构形状。要求做到表达方案完整、清晰、合理,便于画图和读图。零件图表达方案的选择应考虑以下几个方面:

1. 主视图的选择

主视图是零件图中最重要的图形,主视图选择的正确、合理与否直接影响到其他视图和视图数量的选择,关系到画图、看图是否方便,影响整个表达方案的合理性。

选择主视图的原则:将表示零件信息量最多的那个视图作为主视图,通常是零件的工作位置或加工位置。

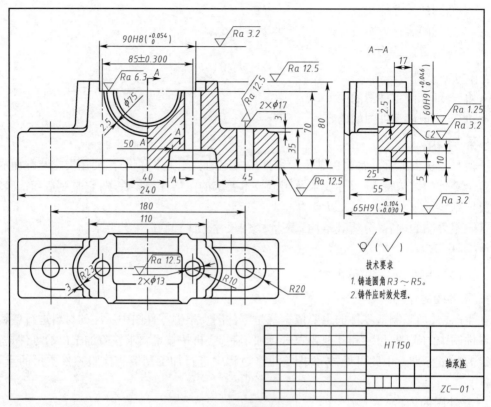

（a）轴承座零件图

（b）滑动轴承座立体图

图 3-1-2　滑动轴承座

① 确定主视图的投射方向。一般选择最能反映零件各组成部分结构、形状和相对位置的方向作为主视图的投射方向，如图 3-1-3 所示。

②确定零件的安放位置

加工位置　即主视图按照零件在机床上主要加工位置画出。（如轴、套等以水平位置放置为主视图位置）首选。

工作位置　即主视图按照零件工作位置画出。图 3-1-3 支座的主视图位置就是根据零件的工作位置尽量多地反映其形状特征的。

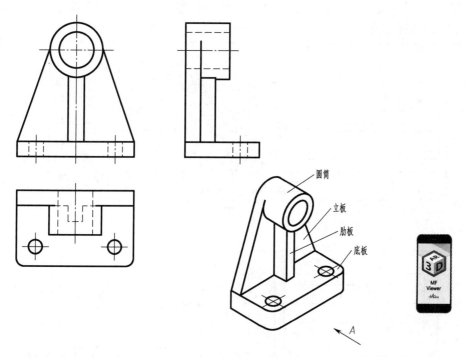

图 3-1-3 支座的主视图选择

③当加工位置不同(多种位置)、工作位置不固定时,宜取自然平稳的自然位置为画主视图的位置。

此外,还应兼顾其他视图的选择和视图布局的合理性。

2. 其他视图的选择

主视图确定后,要分析该零件还有哪些结构形状未表达清楚,对主视图未表达清楚的部分辅以其他视图表达,并使每个视图都有表达重点。在选择视图时,应优先选用基本视图及在基本视图上作剖视。视图上虚线的取舍,应视其有无存在的必要。注意采用辅助视图、断面图、简化画法等表达方法。总之,要在充分表达清楚零件结构形状的前提下,尽量减少视图的数量,力求制图简便、精练。

(三)零件图的尺寸标注

零件图上的尺寸标注不仅要求正确、完整和清晰,而且还要合理,要切合生产实际;既要符合设计要求,又要满足工艺要求。本节主要讨论合理的尺寸标注方法及零件图尺寸标注的一些规定。

1. 零件图的尺寸的种类

(1)定形尺寸:表达零件各组成部分的长、宽、高三个方向的大小尺寸,称为零件的定形尺寸。

(2)定位尺寸:表达零件各组成部分相对位置的尺寸,称为零件的定位尺寸。

(3)总体尺寸:表达零件外形大小的尺寸,称为零件的总体尺寸。

如图 3-1-4 所示固定钳身的零件图,主视图上 90、ϕ30、32、115 等均为定形尺寸。主视图上左端 10、115、局部视图中的 15、左视图中的 10、116 等为定位尺寸。固定钳身的总体尺寸是:154(总长),58(总高),144,即 116+14+14)(总宽)。

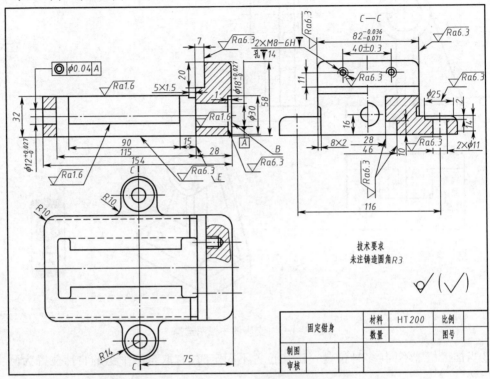

图 3-1-4　固定钳身零件图

2. 尺寸基准

任何零件都有长、宽、高三个方向的尺寸,每个方向至少要选择一个尺寸基准。一般选择零件结构的对称平面、或中心轴线、或端面作为尺寸基准。

图 3-1-5 所示为一座体,长度方向尺寸基准为座体左端面(E),宽度方向尺寸基准为座体的对称平面 F,高度方向尺寸基准为座体的底面。

(四)零件图的技术要求

在零件图上除了用一组视图来表示零件的结构形状、大小外,还必须标注出零件在制造和检验时在质量上应该达到的要求,即零件的技术要求。

零件的技术要求主要包括以下内容:

①表面粗糙度;

②尺寸公差和几何公差;

③材料及热处理等。

1. 表面粗糙度(GB/T 131—2006)

(1)表面粗糙度的概念

零件经过机械加工后的表面会留有许多高低不平的凸峰和凹谷,零件加工表面上具有的较小间距和峰谷所组成的这种微观几何形状特征,称为表面粗糙度。

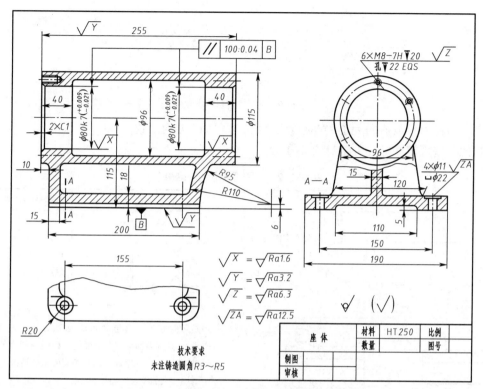

图 3-1-5 座体零件图

表面粗糙度是评定零件表面质量的一项重要技术指标,是零件加工中必不可少的一项技术要求。

(2)表面粗糙度标注

目前生产中评定表面粗糙度用的最多的参数是轮廓算术平均偏差(Ra),(Ra)值越小,表面质量越好。

①表面粗糙度符号 图样中表示零件表面粗糙度的符号及意义如表 3-1-1。

表 3-1-1 表面粗糙度的符号及意义

表面粗糙度符号	意义及说明
√	基本符号,表示表面可用任何方法获得。当不加粗糙度参数值或有关说明(例如:表面处理、局部热处理状况等)时,仅适用于简化代号标注
√	扩展图形符号,基本符号加一短画线,表示表面是用去除材料的方法获得,如通过机械加工获得的表面
√	扩展图形符号,基本符号加个小圆,表示表面是用不去除材料的方法获得;或者是用于保持上道工序形成的表面,不管这种表面是通过去除材料或不去除材料形成的

②表面粗糙度符号画法 表面粗糙度符号画法如图 3-1-6 所示。

③表面粗糙度注写方法:在同一张图样上,每一表面只标注一次代(符)号,并按规定分别注在可见轮廓线、尺寸界线、尺寸线和其延长线上。

符号尖端必须从材料外指向加工表面。

图 3-1-6 表面粗糙度符号画法

表面粗糙度参数值的大小、方向与尺寸数字的大小、方向一致。

其他一些规定和标注方法见表 3-1-2。

表 3-1-2 表面粗糙度标注图例

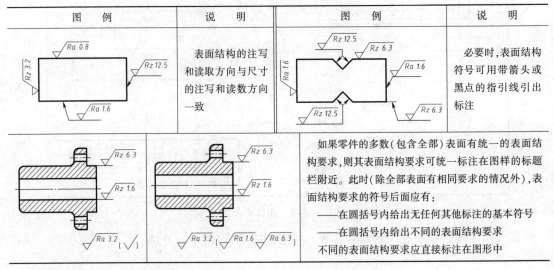

图　例	说　明	图　例	说　明
	表面结构的注写和读取方向与尺寸的注写和读数方向一致		必要时，表面结构符号可用带箭头或黑点的指引线引出标注
		如果零件的多数(包含全部)表面有统一的表面结构要求，则其表面结构要求可统一标注在图样的标题栏附近。此时(除全部表面有相同要求的情况外)，表面结构要求的符号后面应有： ——在圆括号内给出无任何其他标注的基本符号 ——在圆括号内给出不同的表面结构要求 不同的表面结构要求应直接标注在图形中	

2. 极限与配合及其标注

(1)极限与配合的概念

①零件的互换性:在成批或大量生产中,一批零件在装配前不经过挑选,在装配过程中不经过修配,在装配后即可满足设计和使用性能要求,零件的这种在尺寸与功能上可以互相代替的性质称为互换性。零件具有互换性,给产品的设计、制造和使用维修带来了很大的方便,也为机器的现代大生产提供了可能性。

从设计方面,可以最大限度地采用标准件、同用件,大大减少绘图、计算等工作量,缩短设计周期,并有利于产品多样化和计算机辅助设计。

从制造方面,有利于组织大规模专业化生产,有利于采用先进工艺和高效率的专用设备,以致用计算机辅助制造,有利于实现加工和装配过程的机械化、自动化,从而减轻工人的劳动强度,提高生产率,保证产品质量,减低生产成本。

从使用方面,可以及时更换已经磨损或损坏了的零件,因此可以减少机器的维修时间和费用,保证机器能连续而持久地运转。

②基本术语及定义。

公称尺寸:根据零件的强度和结构要求设计时给定的尺寸,如图 3-1-7 中孔与轴套的公称尺寸都为 $\phi32$ mm。

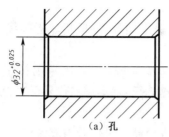
（a）孔

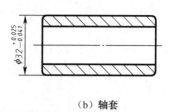
（b）轴套

图 3-1-7　孔与轴尺寸及偏差的标注

实际(组成)尺寸:通过测量所得的某一孔、轴的尺寸。

极限尺寸:一个孔、轴允许尺寸的两个极限值。实际尺寸应位于其中,也可以达到极限尺寸。孔或轴允许的最大尺寸为上极限尺寸(D_{max}、d_{max}),孔或轴允许的最小尺寸为下极限尺寸(D_{min}、d_{min})。

偏差:某一尺寸减其公称尺寸所得的代数差。

极限偏差:有上极限偏差和下极限偏差。孔的上、下偏差代号用大写字母 ES、EI 表示;轴的上、

下偏差代号用小写字母 es、ei 表示。上极限尺寸减其公称尺寸所得的代数差为上极限偏差;下极限尺寸减其公称尺寸所得的代数差为下极限偏差。

孔的上、下极限偏差 $ES = D_{max}-D$,$EI = D_{min}-D$。

轴的上、下极限偏差 $es = d_{max}-d$,$ei = d_{min}-d$。

实际偏差:实际(组成)尺寸减其公称尺寸所得的代数差,应位于极限偏差范围之内。极限偏差可以为正、零或负值。偏差除零外,应标上相应的"+"号或"-"号。极限偏差用于控制实际偏差。

尺寸公差(简称公差):上极限尺寸减下极限尺寸之差,或上极限偏差减下极限偏差之差。它是允许尺寸的变动量,尺寸公差是一个没有符号的绝对值。

孔的公差:$Th = |D_{max} - D_{min}| = |ES - EI|$

轴的公差:$Ts = |d_{max} - d_{min}| = |es - ei|$

偏差与公差是两个不同的概念,不能混淆。

尺寸公差用于限制尺寸误差,它是尺寸精度的一种度量。公差越小,零件的精度越高,反之,公差越大,零件的精度越低。

零线:在极限与配合图解中,表示公称尺寸的一条直线,以其为基准确定偏差和公差。通常,零线沿水平方向绘制,正偏差位于其上,负偏差位于其下,如图 3-1-8 所示。

公差带:在公差带图解中,由代表上极限偏差和下极限偏差或上极限尺寸和下极限尺寸的两条直线所限定的一个区域,如图 3-1-8 所示。公标准公差 国家标准将公差划分为 20 个等级,即 IT01,IT0,IT1,……,IT18,其中 IT01 精度最高,等级依次降低,IT18 精度最低。公称尺寸相同时,公差等级越高,标

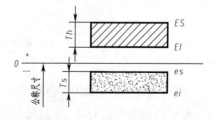

图 3-1-8　公差带示意图

准公差值越小。

基本偏差:确定公差带相对于零线位置的那个极限偏差,一般指靠近零线的那个极限偏差。如图 3-1-9 所示。

GB/T 1800—2009 对孔和轴分别规定了 28 种基本偏差,其代号用拉丁字母表示,如图 3-1-9 所示,大写字母表示孔,小写字母表示轴,这 28 种基本偏差代号反映 28 种公差位置,构成了基本偏差系列。

公差带代号:公差带代号由基本偏差代号和标准公差等级代号组成。

如:H7——表示基本偏差代号 H,公差等级为 7 级的孔公差带代号;

f6——表示基本偏差代号 f,公差等级为 6 级的轴公差带代号。

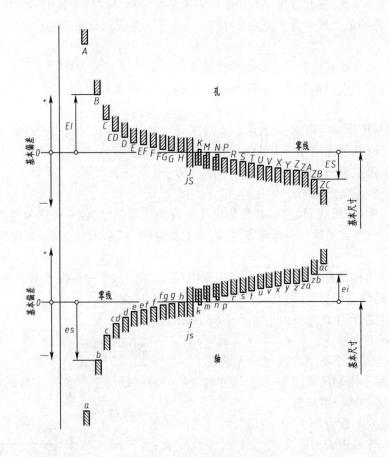

图 3-1-9 基本偏差系列示意图

(2)配合和配合种类

①配合:在机器装配中,公称尺寸相同的、相互配合的孔和轴公差带之间的关系,称为配合。根据机器的设计要求、工艺要求和生产实际需要,国家标准将配合分为三大类:即间隙配合、过盈配合和过渡配合。

间隙配合:具有间隙(包括最小间隙量等于零)的配合。此时,孔的公差带在轴的公差带之上,如图 3-1-10(a)所示。

过渡配合:可能具有间隙或过盈的配合。此时,孔的公差带与轴的公差带相互交叠,如图 3-1-10(b)所示。

过盈配合:具有过盈(包括最小过盈量等于零)的配合。此时,孔的公差带在轴的公差带之下,如图 3-1-10(c)所示。

②配合代号:配合代号由孔的公差带代号和轴的公差带代号组成,用分数形式表示,分子为孔公差带代号,分母为轴公差带代号。例如 $\frac{H7}{f6}$ 或 H7/f6。

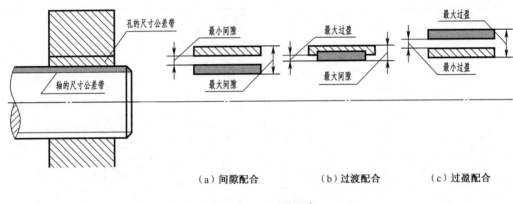

(a)间隙配合 (b)过渡配合 (c)过盈配合

图 3-1-10 三种配合

(3)极限与配合的标注

在装配图上的标注方法 在装配图上标注配合代号时,多采用组合式注法,如图 3-1-11(a)所示。

在零件图上的标注方法 在零件图上标注公差有三种形式:在基本尺寸后面只注公差带代号[图 3-1-11(b)],或只注极限偏差[图 3-1-11(c)],或代号和偏差均注[图 3-1-11(d)]。

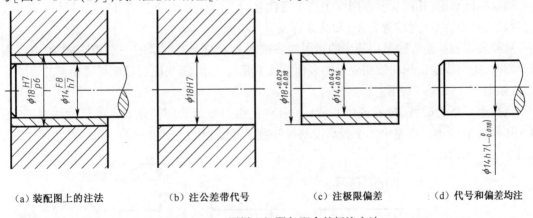

(a)装配图上的注法 (b)注公差带代号 (c)注极限偏差 (d)代号和偏差均注

图 3-1-11 图样上极限与配合的标注方法

3. 几何公差简介

零件在加工过程中不仅有表面粗糙度和尺寸公差,而且会产生几何误差。几何误差对机械产品工作性能和影响不容忽视。例如,在固定钳身加工过程中,不仅会产生尺寸误差,也会出现形状和相对位置的误差,如加工孔时可能会出现轴线弯曲或一头大一头小,加工平面时会出现一边高一边低的现象,影响加工质量。

形状公差是指单一实际要素的形状对其理想要素形状的变动量,而位置误差是指关联实际要素的位置对其理想要素位置的变动量,理想位置由基准确定。几何误差的允许变动量称为几何公差。

(1)几何公差的几何特征及其符号

几何公差特征项目共有 14 个,各项目名称及符号如表 3-1-3。

表 3-1-3　几何公差的名称及符号

公差	特　征	符号	有或无基准要求	公差	特　征	符号	有或无基准要求
形状	直线度	—	无	位置	定向 平行度	//	有
	平面度	▱	无		垂直度	⊥	有
	圆度	○	无		倾斜度	∠	有
	圆柱度	⌀/	无		定位 位置度	⊕	有或无
					同轴(同心)度	◎	有
轮廓	线轮廓度	⌒	有或无		对称度	=	有
	面轮廓度	⌓	有或无		步动 圆跳动	↗	有
					全跳动	⌰	有

(2)几何公差标注

国家标准规定,几何公差在图样中应采用代号标注。代号由公差项目符号、框格、指引线公差数值、基准要素(对位置公差)和其他有关符号组成。

被测要素的标注方法是用箭头的指引线将被测要素与公差框格的一端相连,当被测要素为表面时,指引线箭头指向被测要素的表面或线的延长线上,箭头应明显地与该要素的尺寸线错开,如图 3-1-12(a)所示。

当被测要素为轴线、球心或中心线(平面)时,指引线箭头应与该要素的尺寸线对齐,如图 3-1-12(b)所示。框格中的字符高度与尺寸数字高度相同。基准中的字母一律水平书写,如图 3-1-13所示。

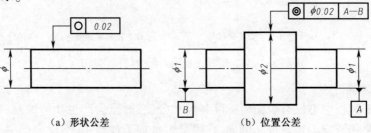

(a)形状公差　　　　　　(b)位置公差

图 3-1-12　几何公差的标注

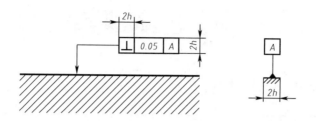

图 3-1-13 几何公差框格和基准代号

（3）几何公差标注实例

几何公差的标注示例如图 3-1-14 所示。

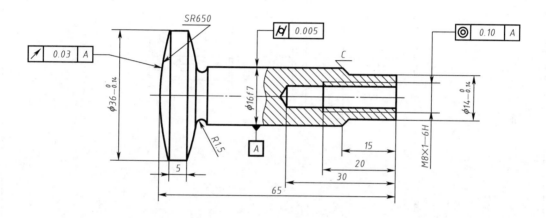

图 3-1-14 几何公差标注举例

在图 3-1-14 中：

$\boxed{\cancel{h}\ \boxed{0.005}}$ 表示杆身 ϕ16f7 的圆柱度公差为 0.005 mm，其公差带是半径差为 0.005 mm 的两同轴圆柱面之间的区域。

$\boxed{\odot\ \boxed{0.10}\ \boxed{A}}$ 表示 M8X1-6H 螺纹孔的轴线对于 ϕ16f7 轴线的同轴度公差为 ϕ0.1 mm，其公差带是直径为 0.1 mm 的圆柱面内的区域。

$\boxed{\nearrow\ \boxed{0.03}\ \boxed{A}}$ 表示 SR650 的球面对于 ϕ16f7 轴线的圆跳动公差为 0.03 mm。

任务实施要求

完成任务书指定任务，任务实施要求如下：

（1）教师统一讲解任务内容，演示并指导任务实施过程。

（2）学生根据任务表具体要求完成任务。

（3）教师归纳、总结任务完成情况。

（4）学生分享完成任务的心得体会。

项目 3-2 轴套类零件

任务书 **任务 3-2-1 轴套类零件**(轴)

任务	轴
目的	1. 熟悉轴套类零件的结构和表达特点 2. 掌握断面图、局部视图的规定画法
要求	画出给定位置的断面图,其中左端键槽深 4 mm,右端键槽深 3 mm,并画出 I 处的 M2:1 局部放大图。 $\dfrac{I}{2:1}$ C—C
后记	

知识点

- 断面图的概念。
- 移出断面的画法。
- 局部放大图的画法。

技能点

- 能正确绘制移出断面图。
- 能正确绘制局部放大图。
- 能正确绘制简单轴类零件图。

任务分析

绘制该轴零件图过程中应注意:

在看清零部件形状的基础上,考虑应选取哪些视图,再分析零部件上哪些结构需要采用剖切,怎样剖切,可多考虑几种方案,并进行比较,再从中选出恰当的表达方案。

剖面线不画底稿线,而在描深时一次画成。这样既能保证剖面线的清晰,又便于控制各个视图中剖面线的方向、间隔一致,还有利于提高绘图速度。

应用形体分析法标注尺寸,确保所注尺寸既不遗漏也不重复。

在任务实施过程中,强调自主、合作的学习气氛。

知识准备

对于某些零件,如轴类,我们需要掌握断面图、局部放大图的有关知识。

国家标准 GB/T 17452—1998 和 GB/T 4458.6—2002 规定了断面图。

(一)断面图的基本概念

1. 概念

假想用剖切平面将零部件在某处切断,只画出断面形状的投影并画上规定的剖面符号,称为断面图,简称为断面,如图 3-2-1 所示。

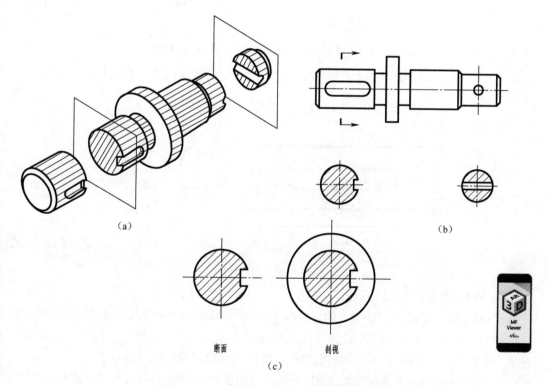

图 3-2-1　断面图的画法及其与剖视图的区别

2. 断面图与剖视图的区别

断面图仅画出零部件断面的图形,而剖视图则要画出剖切平面以后的所有部分的投影,如图 3-2-1(c)所示。

(二)断面图的分类

断面图分为移出断面图和重合断面图两种。

　　画在视图轮廓之外的断面图称为移出断面图。如图3-2-1(b)所示断面图即为移出断面图。

　　画法要点：

　　①移出断面的轮廓线用粗实线画出，断面上画出剖面符号。移出断面应尽量配置在剖切平面的延长线上，必要时也可以画在图纸的适当位置。

　　②当剖切平面通过由回转面形成的圆孔、圆锥坑等结构的轴线时，这些结构应按剖视画出，如图3-2-2所示。

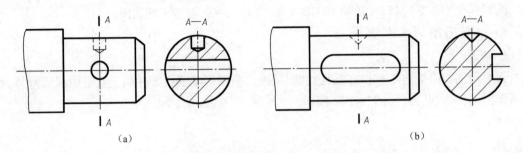

图3-2-2　通过圆孔等回转面的轴线时断面图的画法

　　③当剖切平面通过非回转面，会导致出现完全分离的断面时，这样的结构也应按剖视画出，如图3-2-3所示。

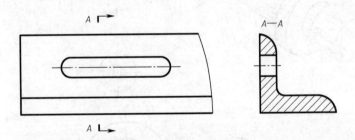

图3-2-3　断面分离时的画法

　　(三)剖切位置与标注

　　(1)当移出断面不画在剖切位置的延长线上时，如果该移出断面为不对称图形，必须标注剖切符号与带字母的箭头，以表示剖切位置与投射方向，并在断面图上方标出相应的名称"×—×"；如果该移出断面为对称图形，因为投射方向不影响断面形状可以省略箭头。

　　(2)当移出断面按照投影关系配置时，不管该移出断面为对称图形或不对称图形，因为投射方向明显，所以可以省略箭头。

　　(3)当移出断面画在剖切位置的延长线上时，如果该移出断面为对称图形，只需用细点画线标明剖切位置，可以不标注剖切符号、箭头和字母；如果该移出断面为不对称图形，则必须标注剖切位置和箭头，但可以省略字母。

　　移出断面的标注见表3-2-1。

表 3-2-1 移出断面标注示例

移出断面图 的位置	对称的断面图形	不对称的断面图形
在剖切位置 延长线上	省略标注字母和箭头 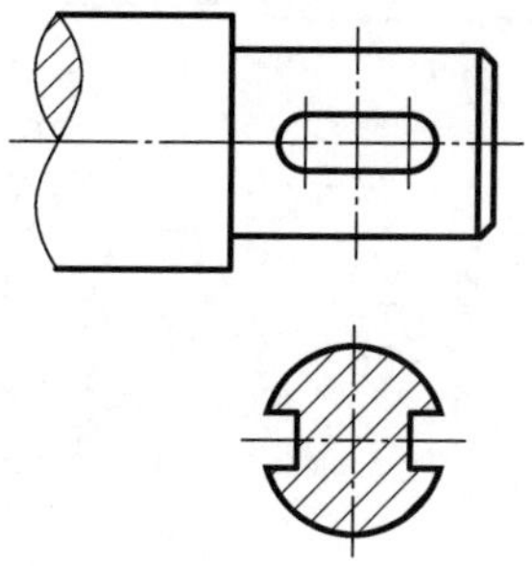	省略标注字母 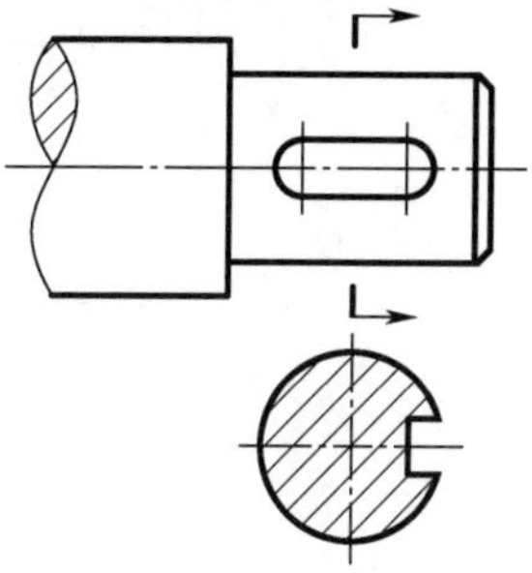
按投影关系 配置	省略箭头 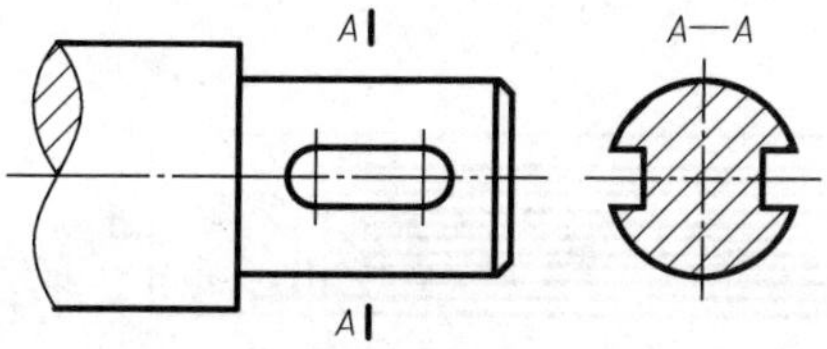　　　A⌐　　A—A	省略箭头 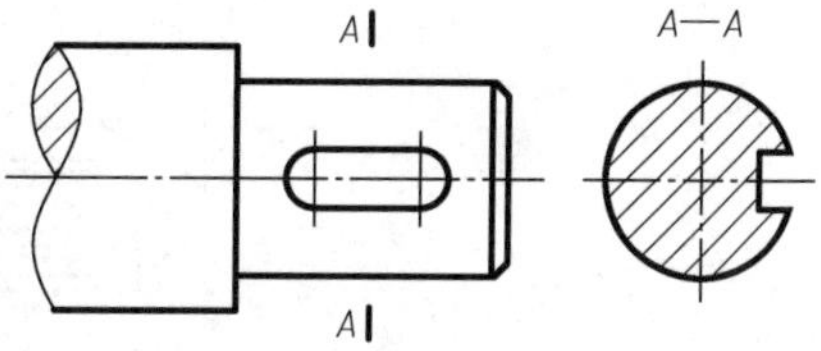　　　A⌐　　A—A
在其他位置	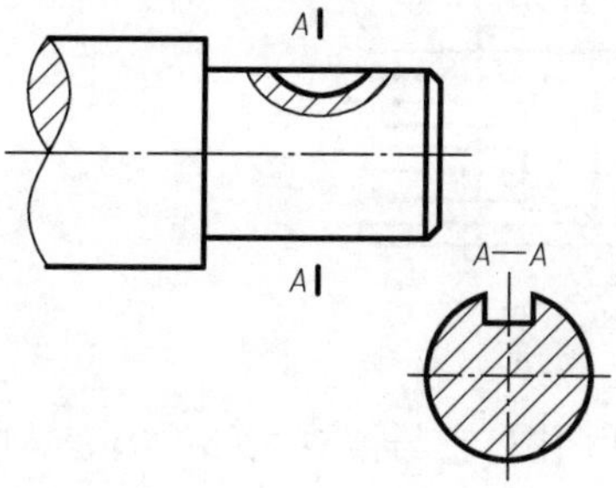 A⌐　　　　A—A	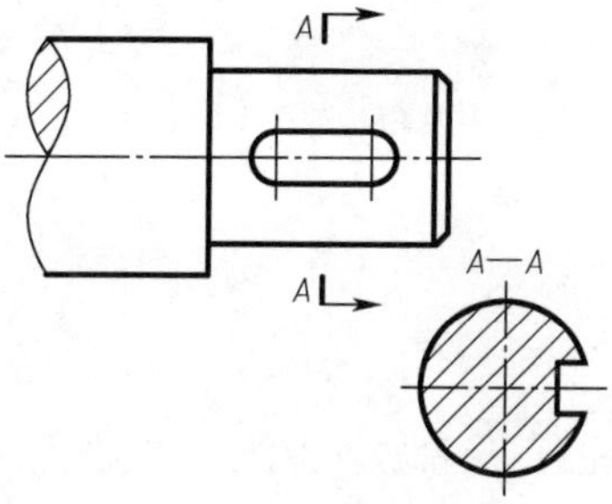 A→　　　　A—A

（四）局部放大图

1. 概念

零部件上某些细小结构在视图中表达的不够清楚,或不便于标注尺寸时,可将这些部分用大于原图形所采用的比例画出,称为局部放大图,如图 3-2-4 所示。

2. 标注

局部放大图必须标注,标注方法是:在视图上画一细实线圆,标明放大部位,在放大图的上方注明所用的比例,即图形大小与实物大小之比(与原图的比例无关),如果放大图不止一个时,还要用罗马数字编号以示区别。当物体上被放大的部位仅有一处时,在局部放大图的上方只需注

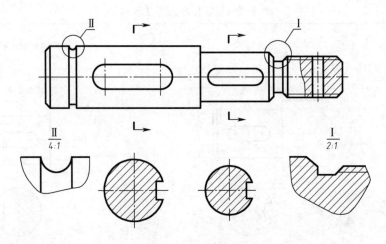

图 3-2-4　局部放大图

明所采用的比例,如 3-2-5 所示。

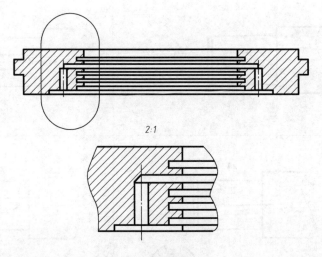

图 3-2-5　局部放大图

注意:局部放大图可画成视图、剖视图、断面图,它与被放大部位的表达方法无关。局部放大图应尽量配置在被放大部位的附近。

🐚任务实施要求

完成任务书指定任务,任务实施要求如下:

(1)教师统一讲解任务内容,演示并指导任务实施过程。

(2)学生根据任务表具体要求完成任务。

(3)教师归纳、总结任务完成情况。

(4)学生分享完成任务的心得体会。

任务 3-2-2　轴套类零件（衬套）

任务	衬套等零件图的画法		
目的	1. 了解剖视图的应用，理解并掌握剖视图的形成及其规定画法 2. 通过剖视图的学习进一步培养学生的空间想象能力和空间思维能力		
要求	用 A4 图纸分别绘制图示零件——衬套的全剖视图、半剖视图 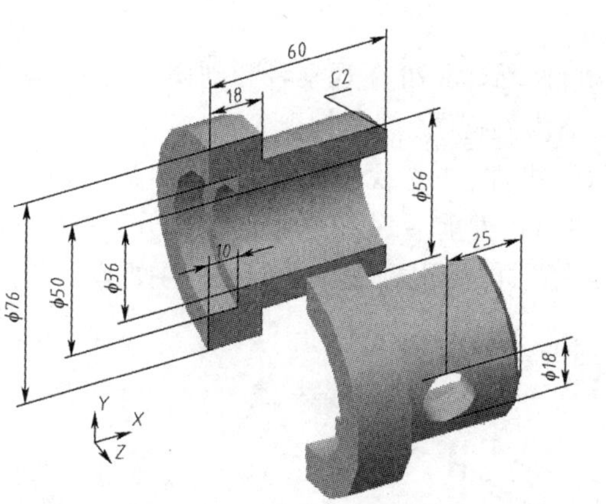  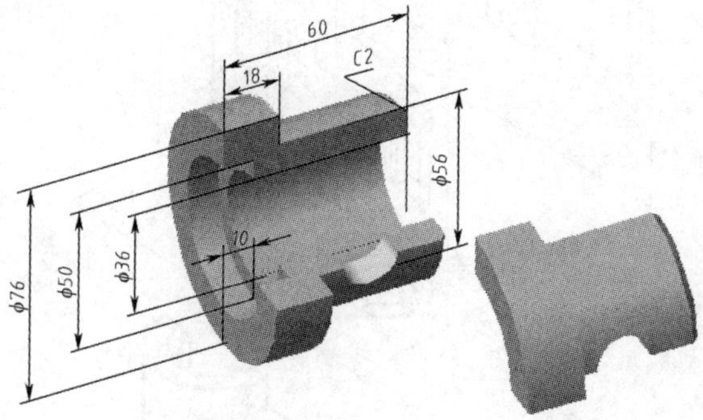		
后记			

知识点

- 剖视图的概念。
- 全剖视图、半剖视图、局部剖视图的画法。

技能点

- 能绘制简单零件的全剖视图。
- 能正确绘制简单零件的半剖视图。
- 能绘制简单零件的局部剖视图。

🍴任务分析

任务书所示的是衬套的直观图。分别采用三种表达方式：全剖、半剖、局部剖来表达。在任务实施过程中，强调自主、合作的学习气氛。

🍴知识准备

六个基本视图基本解决了机件外形的表达问题，但当零件的内部结构较复杂时，视图的虚线也将增多，要清晰地表达机件的内部形状和结构，常采用剖视图的画法。

（一）剖视图

1. 剖视图的形成

假想用一剖切平面剖开机件，然后将处在观察者和剖切平面之间的部分移去，而将其余部分向投影面投射所得的图形，称为剖视图（简称剖视）。

例如，图 3-2-6（a）所示的机件，在主视图中，用虚线表达其内部结构，不够清晰。按照图 3-2-6（b）所示的方法，假想沿机件前后对称平面把它剖开，拿走剖切平面前面的部分后，将后面部分再向正投影面投射，这样，就得到了一个剖视的主视图。图 3-2-6（c）表示机件剖视图的画法。

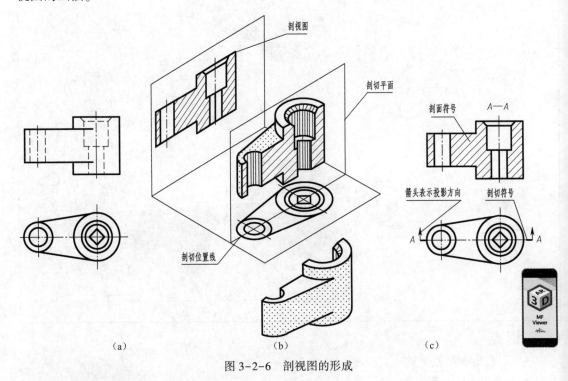

（a） （b） （c）

图 3-2-6 剖视图的形成

2. 剖视图的画法

画剖视图时，首先要选择适当的剖切位置，使剖切平面尽量通过较多的内部结构（孔、槽等）的轴线或对称平面，并平行于选定的投影面。例如在图 3-2-6 中，以机件的前后对称平面为剖切平面。

其次，内外轮廓要画全。机件剖开后，处在剖切平面之后的所有可见轮廓线都应画全，不得遗漏。

最后要画上剖面符号。在剖视图中,被剖切的部分应画上剖面符号。表3-2-6列出了常见的材料由国家标准《机械制图》规定的剖面符号。

金属材料的剖面符号,应画成与水平方向成45°的互相平行、间隔均匀的细实线。同一机件各个视图的剖面符号应相同(,即方向相同、间隔一致)。但是如果图形的主要轮廓线与水平方向成45°或接近45°时,该图剖面线应画成与水平方向成30°或60°角,其倾斜方向仍应与其他视图的剖面线一致,如图3-2-7所示。

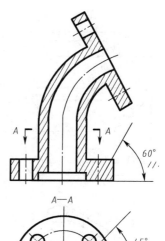

3. 剖视图的标注

剖视图的标注一般应该包括三部分:剖切平面的位置、投射方向和剖视图的名称。标注方法如图3-2-6(c)所示,在剖视图中用剖切符号(即粗短线)标明剖切平面的位置,并写上字母;用箭头指明投射方向;在剖视图上方用相同的字母标出剖视图的名称"×—×"。

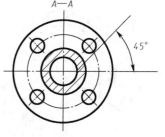

图　3-2-7

4. 画剖视图应注意的问题

(1)剖视只是一种表达机件内部结构的方法,并不是真正剖开和拿走一部分。因此,除剖视图以外,其他视图要按原来画出。

(2)剖视图中一般不画虚线,但如果画少量虚线可以减少视图数量,而又不影响剖视图的清晰时,也可以画出这种虚线。

(3)机件剖开后,凡是看得见的轮廓线都应画出,不能遗漏。要仔细分析剖切平面后面的结构形状,分析有关视图的投影特点,以免画错。如图3-2-8所示是剖面形状相同,但剖切平面后面的结构不同的三块底板的剖视图的例子。要注意区别它们不同之点在什么地方。

(二)剖视图的分类

为了用较少的图形,把机件的形状完整清晰地表达出来,就必须使每个图形能较多地表达机件的形状。这样,就产生了各种剖视图。按剖切范围的大小,剖视图可分为全剖视图、半剖视图、局部剖视图。按剖切面的种类和数量,剖视图可分为单一剖切面、几个平行的剖切面、几个相交的剖切面和复合剖视图。

1. 全剖视图

(1)概念。用剖切平面,将机件全部剖开后进行投射所得到的剖视图,称为全剖视图(简称全剖视)。例如图3-2-9中的主视图和左视图均为全剖视图。

(2)应用。全剖视图一般用于表达外部形状比较简单,内部结构比较复杂的机件。

(3)标注。当剖切平面通过机件的对称(或基本对称)平面,且全剖视图按投影关系配置,中间又无其他视图隔开时,可以省略标注,否则必须按规定方法标注。如图3-2-9中的主视图的剖切平面通过对称平面,所以省略了标注;而左视图的剖切平面不是通过对称平面,则必须标注,但它是按投影关系配置的,所以箭头可以省略。

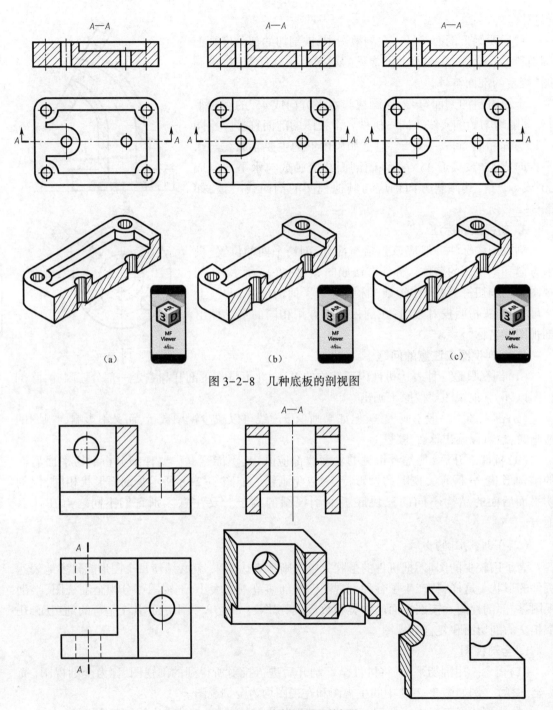

图 3-2-8　几种底板的剖视图

图 3-2-9　全剖视图及其标注

2. 半剖视图

（1）概念。当机件具有对称平面时，以对称中心线为界，在垂直于对称平面的投影面上投射得到的，由半个剖视图和半个视图合并组成的图形称为半剖视图。

（2）应用。半剖视图既充分地表达了机件的内部结构，又保留了机件的外部形状，因此它具有内外兼顾的特点。但半剖视图只适宜于表达对称的或基本对称的机件。

（3）标注。半剖视图的标注方法与全剖视图相同。例如图 3-2-10(a)所示的机件为前后对称，图 3-2-10(b)中主视图所采用的剖切平面通过机件的前后对称平面，所以不需要标注；而俯视图所采用的剖切平面并非通过机件的对称平面，所以必须标出剖切位置和名称，但箭头可以省略。

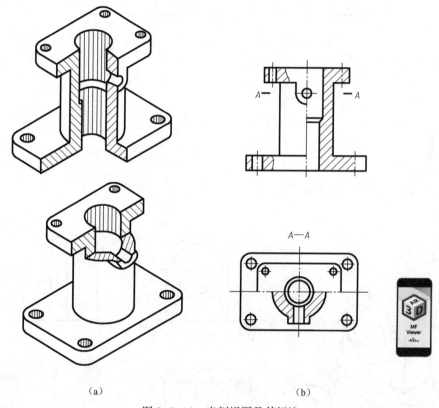

（a）　　　　　　　　　（b）

图 3-2-10　半剖视图及其标注

（4）注意几点。

①具有对称平面的机件，在垂直于对称平面的投影面上，才宜采用半剖视。如机件的形状接近于对称，而不对称部分已另有视图表达时，也可以采用半剖视。

②半个剖视和半个视图必须以细点画线为界。如果作为分界线的细点画线刚好和轮廓线重合，则应避免使用。如图 3-2-11 所示主视图，尽管图的内外形状都对称，似乎可以采用半剖视图。但采用半剖视图后，其分界线恰好和内轮廓线相重合，不满足分界线是细点画线的要求，所以不应用半剖视表达，而宜采取局部剖视表达，并且用波浪线将内、外形状分开。

③在半剖视图中已表达清楚的内部结构在半个视图中不必再用虚线表示。

3. 局部剖视图

（1）概念。将机件局部剖开后进行投影得到的剖视图称为局部剖视图。局部剖视图也是在同一视图上同时表达内外形状的方法,并且用波浪线作为剖视图与视图的界线。图 3-2-12 的主视图和左视图,均采用了局部剖视图。

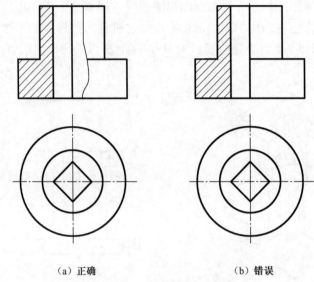

（a）正确　　　　　　　　　（b）错误

图 3-2-11　对称机件的局部剖视

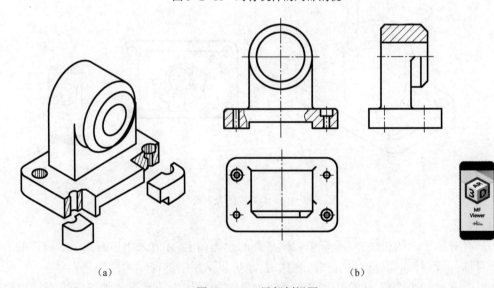

（a）　　　　　　　　　　　　（b）

图 3-2-12　局部剖视图

（2）应用。从以上几例可知,局部剖视是一种比较灵活的表达方法,剖切范围根据实际需要决定。但使用时要考虑到看图方便,剖切不要过于零碎。它常用于下列两种情况:

①机件只有局部内形要表达,而又不必或不宜采用全剖视图时;

②不对称机件需要同时表达其内、外形状时,宜采用局部剖视图。

（3）波浪线的画法。表示视图与剖视范围的波浪线,可看作机件断裂痕迹的投影,波浪线的画法应注意以下几点:

①波浪线不能超出图形轮廓线。如图 3-2-13（a）所示。

②波浪线不能穿孔而过,如遇到孔、槽等结构时,波浪线必须断开。如图 3-2-13(a))所示。

③波浪线不能与图形中任何图线重合,也不能用其他线代替或画在其他线的延长线上。如图 3-2-13(b)、(c)所示。

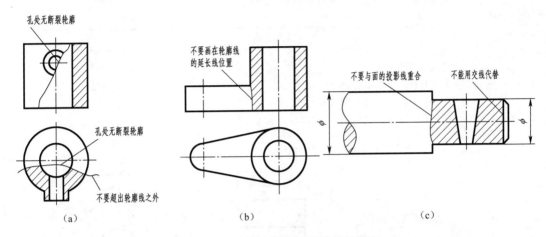

图 3-2-13　局部剖视图的波浪线的画法

④当被剖切部位的局部结构为回转体时,允许将该结构的中心线作为局部剖视图与视图的分界线。如图 3-2-14 所示的拉杆的局部剖视图。

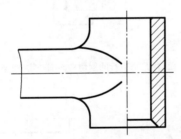

图 3-2-14　拉杆局部剖视图

(4)标注。局部剖视图的标注方法和全剖视相同。但如局部剖视图的剖切位置非常明显,则可以不标注。

🔧 任务实施要求

完成任务书指定任务,任务实施要求如下:

(1)教师统一讲解任务内容,演示并指导任务实施过程。

(2)学生根据任务表具体要求完成任务。

(3)教师归纳、总结任务完成情况。

(4)学生分享完成任务的心得体会。

项目 3-3　盘盖类零件

任务 3-3-1　盘盖类零件(鸡心盘、圆盘)

任务	鸡心盘、圆盘
目的	1. 熟悉盘盖类零件的特点 2. 理解并掌握各种剖切方法的画法及应用 3. 通过练习,进一步提高学生的识图和绘图能力
要求	选择合适的剖切方式,作出下列盘盖类零件的视图 1. 圆盘(单一剖切面)、补画剖视图中缺少的图线 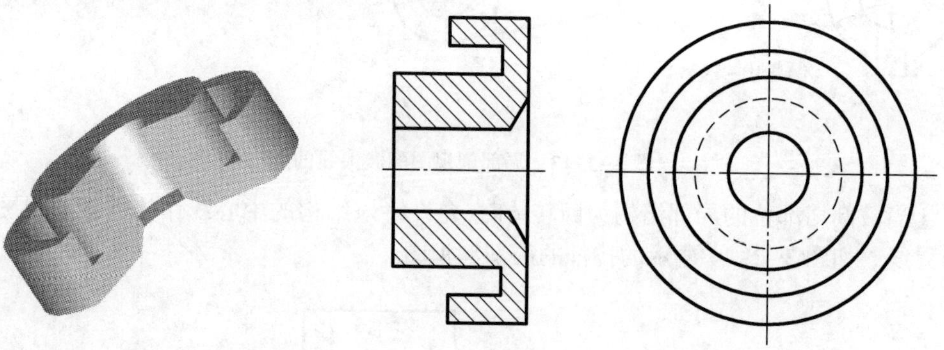 2. 鸡心盘(用几个平行剖切平面)用几个平行的剖切平面剖开物体,把主视图画成全剖视图。 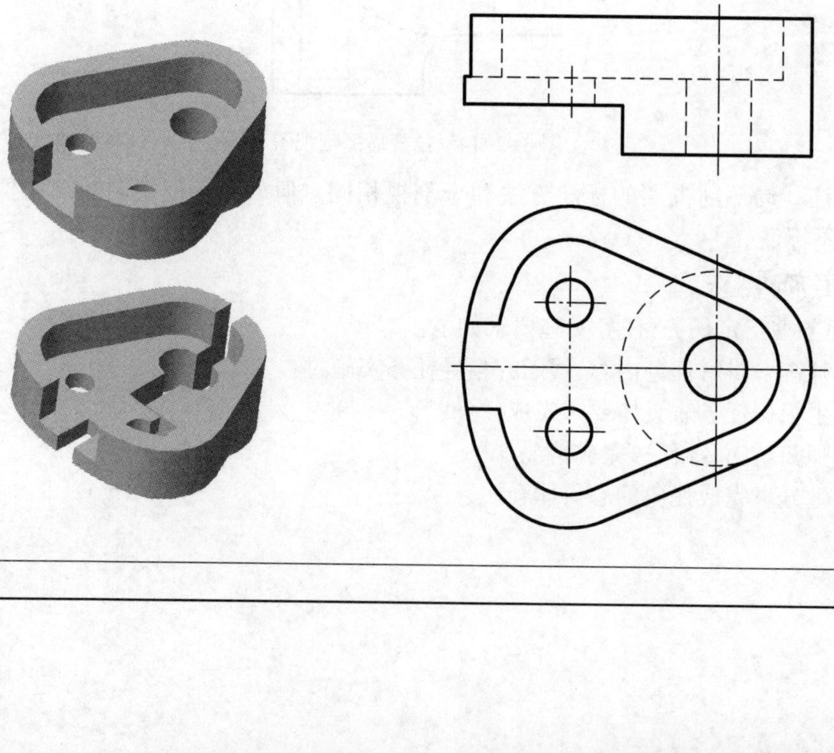
后记	

知识点

- 单一剖切面的剖视画法。
- 几个平行的剖切平面的剖视画法。
- 几个相交的剖切平面的剖视画法。

技能点

- 掌握单一剖面的剖视画法。
- 掌握几个平行的剖切平面的画法。
- 掌握几个相变的剖切平面画法。

任务分析

通过鸡心盘、圆盘的图样对盘类零件的常用表达方式全剖视图、半剖视图、局部视图等规定的画法有一定的认识。在任务实施过程中,注意结合盘类零件的结构特征进行思考,总结盘类零件的常用表达方式。

知识准备

(一)剖切面的种类

剖视图是假想将机件剖开而得到的视图,因为机件内部形状的多样性,剖开机件的方法也不尽相同。国家标准《机械制图》规定有:单一剖切平面、几个互相平行的剖切平面、两个相交的剖切平面、不平行于任何基本投影面的剖切平面、组合的剖切平面等。

1. 单一剖切平面

用一个剖切平面剖开机件的方法称为单一剖切。单一剖切平面一般为平行或垂直于基本投影面的剖切平面。前面介绍的全剖视图、半剖视图、局部剖视图均为用单一剖切平面剖切而得到的,可见,这种方法应用最多。

2. 几个互相平行的剖切平面

(1)概念。用两个或多个互相平行的剖切平面把机件剖开的方法,习惯上称为阶梯剖。它适宜于表达机件内部结构的中心线排列在两个或多个互相平行的平面内的情况。

(2)举例。例如图 3-3-1(a)所示机件,内部结构(小孔和沉孔)的中心位于两个平行的平面内,不能用单一剖切平面剖开,而是采用两个互相平行的剖切平面将其剖开,主视图即为采用阶梯剖方法得到的全剖视图,如图 3-3-1(c)所示。

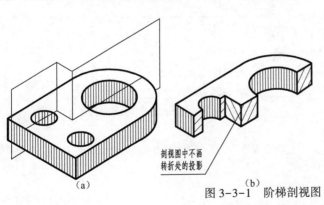

剖视图中不画转折处的投影

(a) (b)

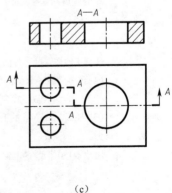

A—A

(c)

图 3-3-1　阶梯剖视图

（3）画几个平行的剖切面的剖视时，应注意下列几点。

①为了表达孔、槽等内部结构的实形，几个剖切平面应同时平行于同一个基本投影面。

②两个剖切平面的转折处，不能划分界线，如图 3-3-1（a）所示。因此，要选择一个恰当的位置，使之在剖视图上不致出现孔、槽等结构的不完整投影。当它们在剖视图上有共同的对称中心线和轴线时，也可以各画一半，这时细点画线就是分界线，如图 3-3-2 所示。

（4）标注几个平行的剖切面的剖视必须标注，标注方法如图 3-3-1（c）所示。在剖切平面迹线的起始、转折和终止的地方，用剖切符号（即粗短线）表示它的位置，并写上相同的字母；在剖切符号两端用箭头表示投影方向（如果剖视图按投影关系配置，中间又无其它图形隔开时，可省略箭头）；在剖视图上方用相同的字母标出名称"X—X"。

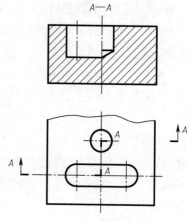

图 3-3-2　阶梯剖视的特例

任务实施要求

完成任务书指定任务，任务实施要求如下：
（1）布图匀称。
（2）作图准确。
（3）图面清晰整洁，图线粗细分明，线型均匀一致符合国家标准规定。
（4）正确使用绘图仪器。
（5）学生总结任务心得，填入任务书后记栏中。

任务书　　**任务 3-3-2　盘盖类零件**（端盖）

任务	端　盖
目的	1. 掌握盘盖类零件的视图表达方法 2. 在理解和掌握各种基本表示法的同时，通过练习，进一步提高学生空间想象能力
要求	读懂下图所示的零件图，并回答下列问题： （1）该零件属于盘盖轮类零件中的（盘、盖、轮）类零件，零件的名称为_____，材料是_____。 （2）主要尺寸基准：径向尺寸基准为_____，轴向尺寸基准为_____。 （3）内孔 $\phi 50_{0}^{+0.039}$ 的上偏差为_____，下偏差为_____，查表得出其公差带代号为_____公差等级为_____级。 尺寸 $\phi 150_{-0.106}^{-0.043}$ 的上偏差为_____，下偏差为_____，查表得出其公差带代号为_____公差等级为_____级。

续表

任务	端　盖
要求	(4)零件图中的形状和位置公差属于_____(形状、位置)公差,公差的项目是_____,基准要素为_____,被测要素为_____,公差值为_____。 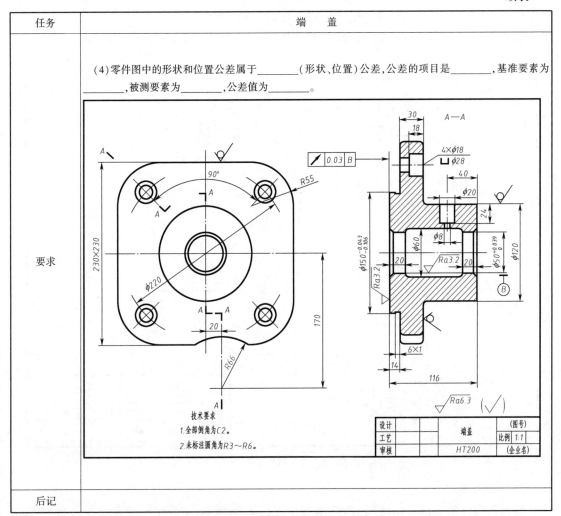 技术要求 1.全部倒角为C2。 2.未标注圆角为R3~R6。
后记	

知识点

● 典型零件端盖的结构和表达特点

技能点

● 能正确绘制和识读盖类零件的零件图

任务分析

按照任务书给出的端盖零件图,学会识读盖类零件图的方法,结合《机械基础》课程中所学的知识综合分析该零件图,回答给出的问题。在任务实施过程中,注意总结盖类零件的读图方法。

知识准备

1. 结构分析

轮盘类零件包括端盖、阀盖、齿轮等,这类零件的基本形体一般为回转体或其他几何形状的扁平的盘状体,通常还带有各种形状的凸缘、均布的圆孔和肋等局部结构。轮盘类零件的作用主要是轴向定位、防尘和密封,如图 3-3-3 所示的轴承盖。

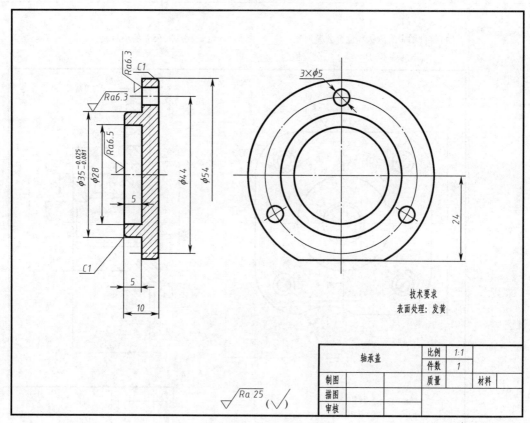

图 3-3-3 轴承盖零件图

2. 主视图选择

轮盘类零件的毛坯有铸件或锻件,机械加工以车削为主,主视图一般按加工位置水平放置,但有些较复杂的盘盖,因加工工序较多,主视图也可按工作位置画出。为了表达零件内部结构,主视图常画线全剖视图。

3. 其他视图的选择

轮盘类零件一般需要两个以上基本视图表达,除主视图外,为了表示零件上均布的孔、槽、肋、轮辐等结构,还需选用一个端面视图(左视图或右视图),如图 3-3-3 中就增加了一个左视图,以表达凸缘和三个均布的通孔。此外,为了表达细小结构,有时还常采用局部放大图。

🖱️任务实施要求

完成任务书指定任务,任务实施要求如下:

(1)教师统一讲解任务内容,演示并指导任务实施过程。

(2)学生根据任务表具体要求完成任务。

(3)教师归纳、总结任务完成情况。

(4)学生分享完成任务的心得体会。

项目 3-4　叉架类零件

任务 3-4-1　叉架类零件(拨叉)

任务	拨叉零件图的绘制
目的	1. 了解拨叉零件的作用 2. 熟悉拨叉类零件视图表达
要求	完成图示拨叉类零件图绘制。 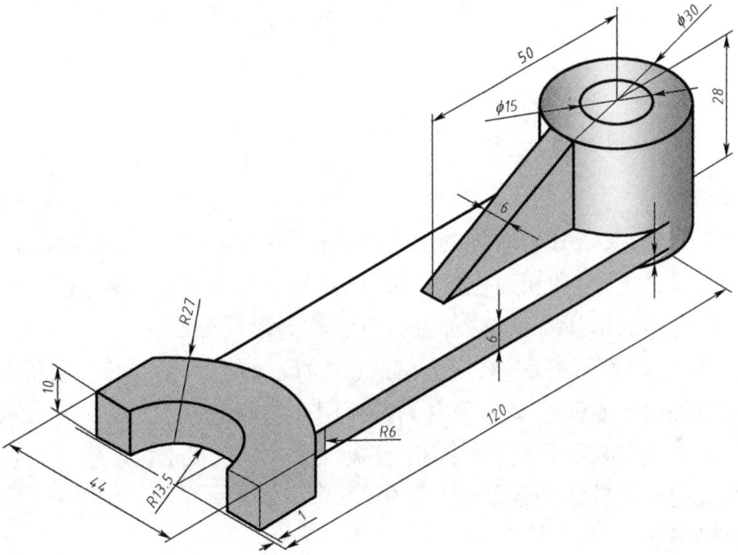
后记	

知识点

- 了解拨叉类零件的作用。
- 熟悉拨叉类零件视图表达。

技能点

- 正确完成任务书中拨叉零件三视图的绘制。

任务分析

通过了解拨叉的作用,运用组合体三视图的知识,完成任务书拨叉零件的视图表达。

知识准备

(一)拨叉类零件介绍

拨叉是汽车变速箱上的部件,与变速手柄相连,位于手柄下端,拨动中间变速轮,使输入、输出转速比改变。机床上的拨叉是用于变速的,主要用在操纵机构中,就是把两个咬合的齿轮拨开来,再把其中一个可以在轴上滑动的齿轮拨到另外一个齿轮上以获得另一个速度。即改变车床滑移齿轮的 0 位置,实现变速。

(二)拨叉零件视图表达

现以图 3-4-1 所示拨叉为例说明拨叉零件的视图表达。

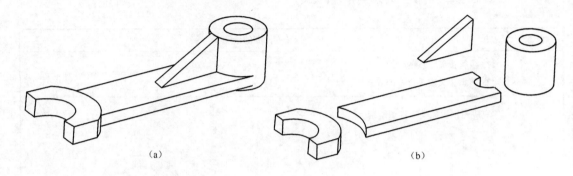

图 3-4-1　底座的组成分析

1. 形体分析

所谓形体分析,就是分析所画的组合体是由哪些基本形体按照怎样的方式组合而成的;并明确各部分的形状、大小和相对位置关系;以及哪个基本形体是组成该组合体的主体部分,从而认清所画组合体的形体特征,这种分析方法称为形体分析法。

如图 3-4-1(a)所示的底座,可分解成(b)所示的拨叉头、圆筒、肋板和连接板。它们之间的组合形式是叠加。左侧拨叉头和右侧圆筒用连接板连接,肋板在连接板上方、圆筒的左侧。形体之间的表面连接关系是:连接板与拨叉头相交,与肋板为相切。通过以上分析,对图 3-4-1拨叉便有了较清楚的认识。

2. 选择主视图

在表达物体形状的一组视图中,主视图是最主要的视图。主视图的投射方向确定后,其它视图的投射方向及视图之间配置也就确定了。选择主视图一般应考虑如下三点:

(1)主视图一般应根据形状特征原则选择,即表示物体信息量最多的那个视图作为主视图,所画的主视图能较多地表达组合体的形状特征及各基本形体的相互位置关系、组合形式等。

(2)物体主视图的选定,还要考虑使其它视图中呈现的虚线尽量少。

(3)为便于度量和易于作图,要将形体摆正放稳。摆正是使形体主要平面或轴线平行或垂直于基本投影面,以便在视图中得到面的实形或积聚性投影;放稳是使形体符合自然安放位置。

3. 选比例、定图幅

画图比例应根据所画组合体的大小和制图标准规定的比例来确定,一般尽量选用 1∶1 的比例,必要时可选用适当的放大或缩小比例。按选定的比例,根据组合体的长、宽、高计算出三个视图所占的面积,并考虑注尺寸以及视图之间、视图与图框之间的间距,据此选用合适的标准图幅。

4. 具体作图

在形体分析和选定主视图的基础上,先根据物体大小选用标准的画图比例和图幅,在图纸上画出边框和标题栏。然后可按图 3-4-2 所示步骤,绘制拨叉的三视图。

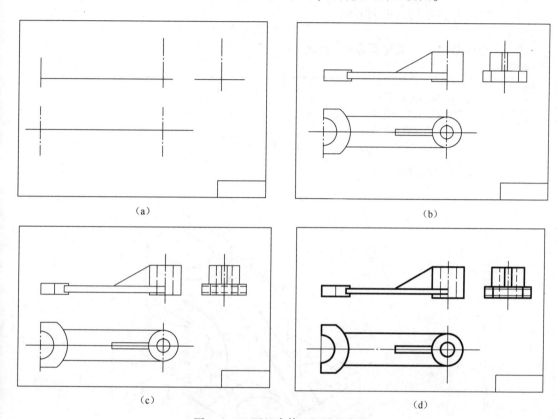

图 3-4-2　画组合体三视图的步骤

(1)画出形体的长、宽、高三个方向的作图定位基准线,以便于度量尺寸和视图定位。一般应选择形体的对称面、形体上主要部分的大平面或轴线的投影作为定位基准线。如图 3-4-2(a)画出拨叉头和圆筒的底面在主、左视图上的投影,作为形体高度方向的定位基准线;形体的前后对称面在俯、左视图上的投影,作为形体宽度方向的定位基准线;拨叉头和圆筒的中心对称面在主、俯视图上的投影,作为形体长度方向的定位基准线。

(2)逐个画出组合体各组成部分的三视图。一般先画形体的主要部分,每一部分的三个视图应按长对正、高平齐、宽相等的投影规律画出,以保证视图间的三等关系,提高画图速度。如图 3-4-2(b)所示,依次画出了拨叉头、圆筒、连接板及肋板的三视图。

(3)依次画出各组成部分的内部结构及细节形状。如图 3-4-2(c)所示。

(4)检查、清理及描深。检查时应特别注意形体各组成部分之间的表面连接关系是否准确的表达出来。描探时,要力求做到线型一致,粗细分明,整齐清晰。描深的顺序,一般遵循先曲后直,先粗后细,由上而下,从左至右的规则,如 3-4-2(d)所示。

任务实施要求

完成任务书指定任务,任务实施要求如下:

（1）教师统一讲解任务内容,演示并指导任务实施过程。

（2）学生根据任务表具体要求完成任务。

（3）教师归纳、总结任务完成情况。

（4）学生分享完成任务的心得体会。

 任务 3-4-2　叉架类零件（托架）

任务	托架零件图的绘制
目的	1. 了解叉架类零件的作用 2. 熟悉托架类零件视图表达
要求	完成图示托架零件图的绘制。 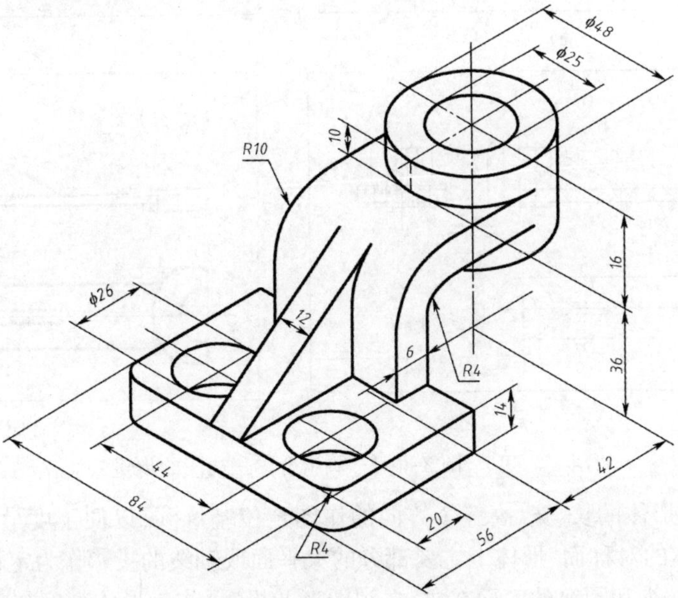 （图）
后记	

知识点

- 了解托架类零件的作用。
- 熟悉托架类型零件视图表达。

技能点

- 能正确完成任务书中托架的视图表达。

任务分析

画托架零件图时,首先要进行形体分析,在分析的基础上选择合适的视图,然后再具体画图。

知识准备

(一)托架类零件介绍

托架属于叉架类零件中的一种,其主要作用是支撑,托架类零件主要由支撑部分、底板、连接部分和肋板组成。

(二)托架类零件表达

以图 3-4-3 所示托架为例说明组合体三视图的画法。

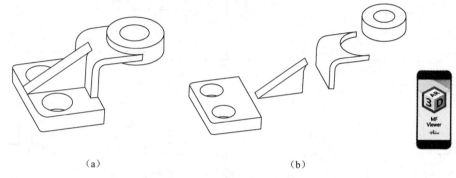

（a）　　　　　　　　　　　（b）

图 3-4-3　托架的组成分析

1. 形体分析

如图 3-4-3(a)所示的底座,可分解成 3-4-3(b)所示的底板、圆筒、连接板和肋板。它们之间的组合形式是叠加。底板和圆筒用连接板连接,肋板在连接板的左侧。底板左侧前后 为圆角并挖孔。形体之间的表面连接关系是:连接板与圆筒相切,肋板与连接板相切。通过以上分析,对图 3-4-3 托架便有了较清楚的认识。

2. 选择主视图

在表达物体形状的一组视图中,主视图是最主要的视图。主视图的投射方向确定后,其它视图的投射方向及视图之间配置也就确定了。选择主视图一般应考虑如下三点:

(1)主视图一般应根据形状特征原则选择,即表示物体信息量最多的那个视图作为主视图,所画的主视图能较多地表达组合体的形状特征及各基本形体的相互位置关系、组合形式等。

(2)物体主视图的选定,还要考虑使其它视图中呈现的虚线尽量少。

(3)为便于度量和易于作图,要将形体摆正放稳。摆正是使形体主要平面或轴线平行或垂直于基本投影面,以便在视图中得到面的实形或积聚性投影;放稳是使形体符合自然安放位置。

3. 选比例、定图幅

画图比例应根据所画组合体的大小和制图标准规定的比例来确定,一般尽量选用 1 : 1 的比例,必要时可选用适当的放大或缩小比例。按选定的比例,根据组合体的长、宽、高计算出三个视图所占的面积,并考虑注尺寸以及视图之间、视图与图框之间的间距,据此选用合适的标准图幅。

4. 具体作图

在形体分析和选定主视图的基础上,先根据物体大小选用标准的画图比例和图幅,在图纸上画出边框和标题栏。然后可按图 3-4-4 所示步骤,绘制托架的三视图。

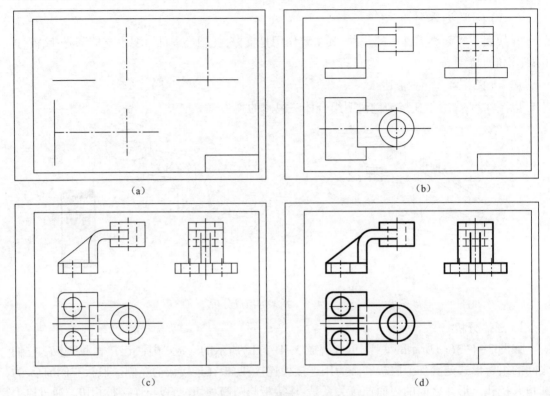

图 3-4-4　画组合体三视图的步骤

（1）画出形体的长、宽、高三个方向的作图定位基准线,以便于度量尺寸和视图定位。一般应选择形体的对称面、形体上主要部分的大平面或轴线的投影作为定位基准线。如图 3-4-5（a）画出底板的底面在主、左视图上的投影,作为形体高度方向的定位基准线;形体的前后对称面在俯、左视图上的投影,作为形体宽度方向的定位基准线;底板的左侧端面在主、俯视图上的投影,作为形体长度方向的定位基准线。

（2）逐个画出组合体各组成部分的三视图。一般先画形体的主要部分,每一部分的三个视图应按长对正、高平齐、宽相等的投影规律画出,以保证视图间的三等关系,提高画图速度。如图（b）所示,依次画出了底板、圆筒、连接板及肋板的三视图。

（3）依次画出各组成部分的内部结构及细节形状。如图（c）所示。

（4）检查、清理及描深。检查时应特别注意形体各组成部分之间的表面连接关系是否准确的表达出来。描深时,要力求做到线型一致,粗细分明,整齐清晰。描深的顺序,一般遵循先曲后直,先粗后细,由上而下,从左至右的规则,如（d）所示。

任务实施要求

完成任务书指定任务,任务实施要求如下:

（1）教师统一讲解任务内容,演示并指导任务实施过程。

（2）学生根据任务表具体要求完成任务。

（3）教师归纳、总结任务完成情况。

（4）学生分享完成任务的心得体会。

项目 3-5　箱体类零件

任务 3-5-1　箱体类零件（基本视图）

任务	箱体类零件（基本视图）
目的	1. 了解箱体类零件特点 2. 理解并掌握基本视图画法 3. 进一步培养学生的空间想象和表达能力
要求	参考给出的箱体三维造型,根据给出的箱体三视图,绘制箱体的其他三面基本视图。 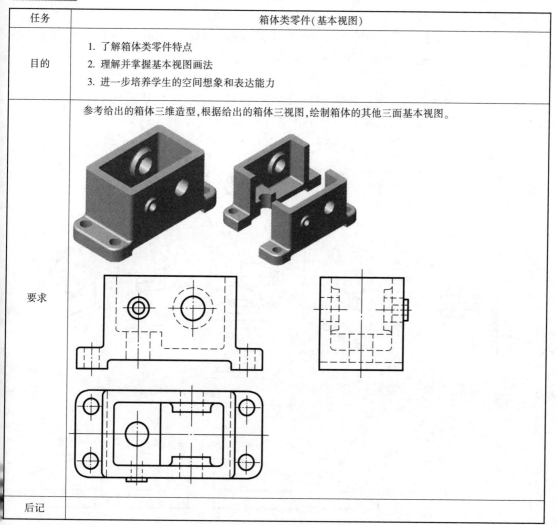
后记	

📖知识点

- 基本视图的概念。
- 基本视图的规定画法。
- 箱体零件的结构和表达特点。

📖技能点

- 能正确绘制六面基本视图。

- 能正确绘制箱体类型零件图。

任务分析

按照任务书给出的箱体的三维造型,仔细分析,根据给出的箱体的三面视图,画出其另外三面基本视图。任务实施过程中,应注意,基本视图绘制的位置。

知识准备

国家标准 GB/T17451—1998 和 GB/T4458.1—2002 规定了视图。视图主要用来表达机件的外部结构形状。视图分为:基本视图、向视图、局部视图和斜视图。

当机件的外部结构形状在各个方向(上下、左右、前后)都不相同时,三视图往往不能清晰地把它表达出来。因此,必须加上更多的投影面,以得到更多的视图。

1. 概念

为了清晰地表达机件六个方向的形状,可在 H、V、W 三投影面的基础上,再增加三个基本投影面。这六个基本投影面组成了一个方箱,把机件围在当中,如图 3-5-1(a)所示。机件在

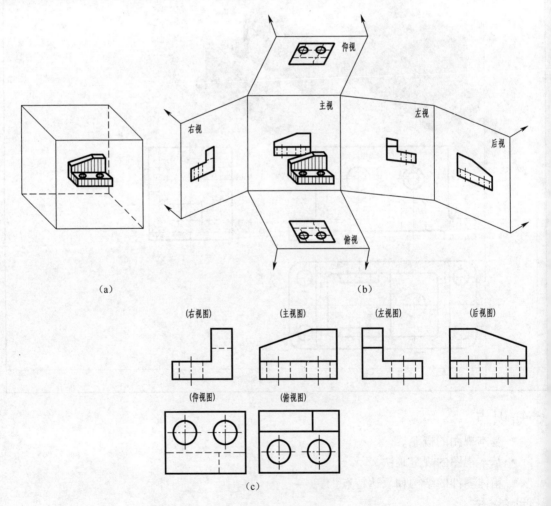

图 3-5-1 六个基本视图

每个基本投影面上的投影,都称为基本视图。图3-5-1(b)表示机件投影到六个投影面上后,投影面展开的方法。展开后,六个基本视图的配置关系和视图名称见图3-5-1(c)。按图3-5-1(b)所示位置在一张图纸内的基本视图,一律不注视图名称。

2. 投影规律

六个基本视图之间,仍然保持着与三视图相同的投影规律,即:

主、俯、仰、(后):长对正;

主、左、右、后:高平齐;

俯、左、仰、右:宽相等。

此外,除后视图以外,各视图的里边(靠近主视图的一边),均表示机件的后面,各视图的外边(远离主视图的一边),均表示机件的前面,即"里后外前"。

强调:虽然机件可以用六个基本视图来表示,但实际上画哪几个视图,要看具体情况而定。

任务实施要求

完成任务指定任务,任务实施要求如下:

(1)教师统一讲解任务内容,演示并指导任务实施过程。

(2)学生根据任务表具体要求完成任务。

(3)教师归纳、总结任务完成情况。

(4)学生分享完成任务的心得体会。

任务3-5-2　箱体类零件(向视图)

任务	箱体类零件(向视图)
目的	1. 理解向视图的表达方法 2. 在理解和掌握各种基本表示法的同时,通过练习,进一步提高学生空间想象能力
要求	结合任务3-5-1中箱体的造型,绘制箱体的指定方向的向视图 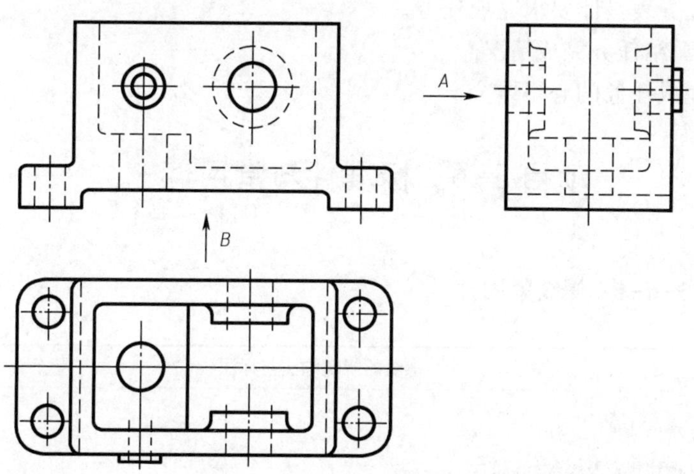
后记	

知识点

- 向视图的概念。
- 向视图的画法。

技能点

- 能正确绘制零件的向视图。

任务分析

结合上一任务的箱体三维造型,应用向视图的画法,画出给定方向的箱体向视图。

知识准备

有时为了便于合理地布置基本视图,可以采用向视图。

向视图是可自由配置的视图,它的标注方法为:在向视图的上方注写"×"(×为大写的英文字母,如"A"、"B"、"C"等),并在相应视图的附近用箭头指明投射方向,并注写相同的字母,如图 3-5-2 所示。

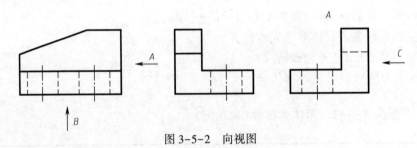

图 3-5-2　向视图

任务实施要求

完成任务指定任务,任务实施要求如下:

(1)教师统一讲解任务内容,演示并指导任务实施过程。

(2)学生根据任务表具体要求完成任务。

(3)教师归纳、总结任务完成情况。

(4)学生分享完成任务的心得体会。

项目 3-6　标准件与常用件

任务 3-6-1　螺纹紧固件

任务	螺纹的规定画法与标注
目的	1.掌握螺纹结构的规定画法 2.熟悉螺纹标注规定及螺纹标记的含义 3.掌握螺纹连接的规范画法

续表

任务	螺纹的规定画法与标注
要求	已知有一螺杆和钻有一与之相配合的螺孔的铸铁块,按下列要求分别绘制其两个视图 　(1)画出螺杆大径为 16 mm,长度为 40 mm,一端刻有普通螺纹,螺纹长度为 25 mm,两端均作出倒角的两个视图 　(2)画出在长为 45 mm、宽 25 mm、高 25 mm 的铸铁块上,制出螺孔大径为 16 mm,钻深为 36 mm,螺孔深为 28 mm 的盲孔的两个视图 　(3)将(1)、(2)两步中的外、内螺纹连接起来,画出螺纹旋入长度为 20 mm 的两个视图 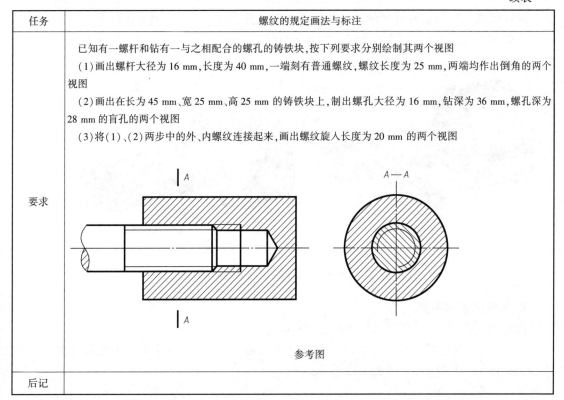 <div align="center">参考图</div>
后记	

知识点
- 螺纹的基本要素。
- 螺纹的规定画法。
- 螺纹的种类和标注。
- 螺纹连接的画法。

技能点
- 掌握内、外螺纹的规定画法及螺纹连接的画法。
- 掌握螺纹的标注和螺纹连接件的规定标记。

任务分析
在机器或部件的装配、安装中广泛使用的螺栓、螺母,其结构形状、尺寸画法和标记等各方面都已经全部标准化,称为标准件。本次任务主要介绍螺纹的形成、加工、基本要素、内外螺纹的规定画法及连接画法,至于它们的详细的结构和尺寸可以根据标准的代号和标记,查阅相应的国家标准或机械零件手册。

知识准备
(一)螺纹基础知识

1. 螺纹的形成与加工

螺纹是指在圆柱或圆锥表面上,沿着螺旋线所形成的、具有规定牙型的连续凸起和沟槽。

在圆柱或圆锥外表面上所形成的螺纹称外螺纹,在其内孔表面上形成的螺纹称为内螺纹。工业上制造螺纹的方法主要有切削加工和滚压加工两类,图 3-6-1 所示为在车床上加工螺纹的方法。根据刀刃的形状的不同,所切去的截面形状也不同,所以可加工出不同牙型的螺纹。

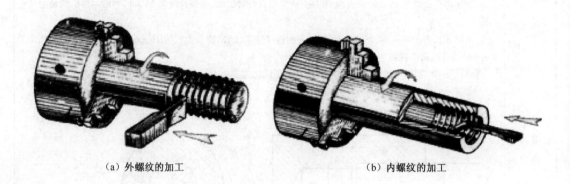

(a) 外螺纹的加工　　　　　　　　　　(b) 内螺纹的加工

图 3-6-1　螺纹加工方法

2. 螺纹的基本要素

内外螺纹连接时,螺纹的下列要素必须相同:

(1)牙型。通过螺纹轴线的剖面上螺纹的轮廓形状,称为螺纹牙型。常见的牙型有三角形、梯形、锯齿形和矩形,如图 3-6-2 所示。

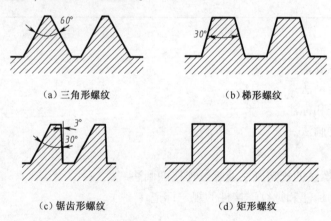

(a)三角形螺纹　　　　　　　　　　　(b)梯形螺纹

(c)锯齿形螺纹　　　　　　　　　　　(d)矩形螺纹

图 3-6-2　牙型

(2)螺纹的直径(图 3-6-3)。

①大径:与外螺纹牙顶或内螺纹牙底相重合的假想圆柱面的直径,称螺纹大径。内、外螺纹的大径分别用 D 和 d 表示。在标准参数中,大径为公称直径。

②小径:与外螺纹牙底或内螺纹牙顶相重合的、假想圆柱体的直径,称为螺纹小径。内、外螺纹的小径分别用 D_1 和 d_1 表示。

③中径:母线通过牙型上凸起和沟槽两者宽度相等的假想圆柱体的直径,称螺纹中径。内、外螺纹的中径分别用 D_2 和 d_2 表示。

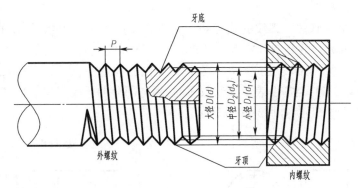

图 3-6-3　螺纹的直径

（3）线数 n。如图 3-6-4 所示，螺纹有单线和多线之分。沿一条螺旋线形成的螺纹称为单线螺纹，沿轴向等距分布的两条或两条以上的螺旋线形成的螺纹称为双线或多线螺纹。螺纹线数又称为头数。

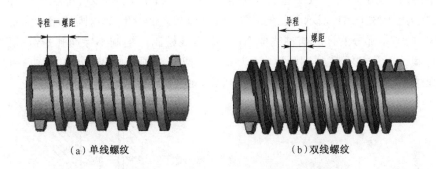

　　（a）单线螺纹　　　　　　　　　（b）双线螺纹

图 3-6-4　螺纹的线数

（4）螺距 P 和导程 P_h。螺纹相邻两牙在中径线上对应两点间的轴向距离，称为螺距。同一条螺旋线上，相邻两牙在中径线上对应两点间的轴向距离，称为导程。

螺距和导程的关系为：单线螺纹，$P_h = P$；多线螺纹，$P_h = nP$。

（5）旋向。螺纹分右旋和左旋两种，如图 3-6-5所示，顺时针方向旋入的螺纹称为右旋螺纹，逆时针方向旋入的螺纹称为左旋螺纹，工程上常用右旋螺纹。

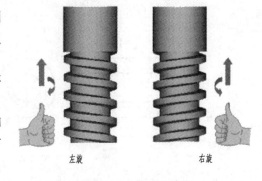

　　左旋　　　　　　右旋

图 3-6-5　螺纹的旋向

在这五个要素中，为了便于设计计算和加工制造，国家标准对螺纹的牙型、大径和螺距都作了规定，凡螺纹的牙型、大径、螺距三要素都符合标准的，称为标准螺纹；牙型符合标准而大径或螺距不符合标准的称为特殊螺纹；牙型不符合标准的称为非标准螺纹。

3. 螺纹的规定画法

（1）外螺纹的规定画法。螺纹的大径和螺纹终止线用粗实线表示，螺纹的小径用细实线表示，小径通常画成大径的 0.85 倍（但大径较大或画细牙螺纹时，小径数值可查阅相关标准，螺杆头部的倒角或倒圆角部分也应画出。在投影为圆的视图中，表示小径的细实线圆只画约 3/4 圈，倒角圆省略不画，当需要表示螺纹收尾时，螺尾部分的牙底用与轴线成 30°角的细实线绘制，一般情况下不画螺尾，如图 3-6-6 所示。

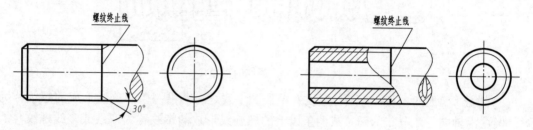

图 3-6-6　外螺纹的画法

（2）内螺纹的规定画法。螺纹的小径和螺纹终止线用粗实线表示，螺纹的大径用细实线表示，在投影为圆的视图中，表示大径的细实线圆只画约 3/4 圈，倒角圆省略不画。当需要表示螺纹收尾时，螺尾部分的牙底与轴线成 30°的细实线绘制。绘制不穿通孔螺纹孔时，一般将钻孔深度与螺纹部分的深度分别画出，钻头头部形成的锥顶角画成 120°，如图 3-6-7 所示。无论是外螺纹还是内螺纹，在剖视或断面图中的剖面线都必须画到粗实线。

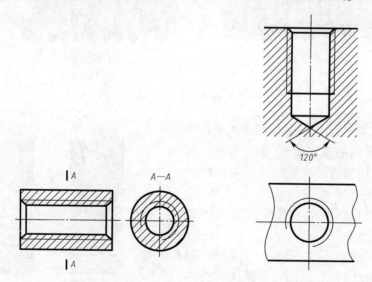

图 3-6-7　内螺纹的画法

（3）螺纹连接的画法。以剖视图表示内、外螺纹连接时，其旋合部分按外螺纹画出，其余部分仍按各自的画法表示。

注意：当剖切平面通过螺杆轴线时，螺杆按不剖绘制，表示螺纹大、小径的粗实线和细实线必须分别位于同一条直线上，与倒角大小无关，同一个零件在各个剖视图中剖面线的方向和间隔应一致，不同零件剖面线的方向或间隔应不同，如图 3-6-8 所示。

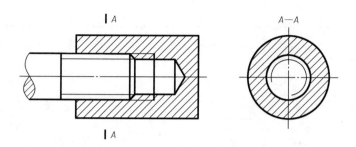

图 3-6-8 螺纹连接的画法

4. 螺纹的标注

螺纹代号一般标注在螺纹的大径上,各种螺纹的标注见表 3-6-1。

表 3-6-1 常用螺纹的规定标注及注意事项

螺纹种类	牙型代号	标记格式	标注示例	代号的意义	说　明
普通螺纹	粗牙 M	特征代号(M)公称直径×螺距旋向—螺纹公差带代号—旋合长度代号	M16-6h5h	粗牙普通螺纹,公称直径 16mm,右旋,中径公差代号为 6h,顶径公差代号为 5h,中等旋合长度。	①同一公称直径的普通螺纹,其螺距分为粗牙和细牙。在标注螺距时,粗牙普通螺纹不标注螺距(可查阅得出数据),细牙普通螺纹必须标注螺距。
普通螺纹	细牙 M	特征代号(M)公称直径×螺距旋向—螺纹公差带代号—旋合长度代号	M20×1.5LH-6H	细牙普通螺纹,公称直径 20 mm,螺距 1.5 mm,左旋,中径和顶径公差代号皆为 6H,中等旋合长度。	②当螺纹为右旋时,不标注旋向,左旋时用"LH"表示。 ③公差带代号包括中径公差带与顶径(外螺纹大径和内螺纹小径)公差带组成。小写字母表示外螺纹,大写字母表示内螺纹。如果中径公差带和顶径公差带代号相同,则只标注一个代号。 ④ 旋合长度分为短(S)、中等(M)和长(L)3种。一般采用中等旋合长度,N 省略标注。
管螺纹	非螺纹密封的管螺纹 G	尺寸代号公差等级代号—旋向	G1/2B-LH	非螺纹密封的外管螺纹,尺寸代号为 1/2 英寸,公差等级为 B 级,左旋。	①尺寸代号　用螺纹密封的圆柱内管螺纹 RP、用螺纹密封的圆锥内、外管螺纹代号分别为 R_C 和 R。 ②公差等级代号　非螺纹密封的管螺纹的外螺纹公差等级分为 A、B 两级标记,其余螺纹公差等级只有一种,故不标记。 ③管螺纹的标注必须采用指引线标注时,引线从大径引出。
管螺纹	用螺纹密封的锥管螺纹 Rr Rc R				

螺纹种类	牙型代号	标记格式	标注示例	代号的意义	说　明
梯形螺纹	Tr	单线梯形螺纹	Tr d×P 旋向—中径公差带代号—旋合长度代号	Tr40×7-8e-L	梯形螺纹,公称直径为 40 mm,螺距为 7 mm,单线,右旋,中径公差代号为 8e,长旋合长度。	梯形螺纹用来传递双向动力,如机床的丝杠。①旋向　左旋螺纹标注"LH",右旋不标注②旋合长度代号　有中等旋合长度(N)和长旋合长度(L),N 可不标注。
		多线梯形螺纹	Tr d×导程 P_h(螺距 P)旋向—中径公差带代号—旋合长度代号			
锯齿形螺纹	S	S 公称直径×导程(螺距)或螺距—精度等级—旋向	S70×10-2	单线,公称直径为 70 mm,螺距为 10 mm 的右旋锯齿形螺纹。	锯齿形螺纹用来传递单向动力,如千斤顶中的螺杆。①如为单线螺纹,则不必注导程,仅注螺距;②如为右旋螺纹,则不必注明旋向。

(二)螺纹紧固件及其连接画法

1. 常用螺纹紧固件的种类及标记

常用螺纹紧固件的结构类型和标记见表 3-6-2。

表 3-6-2　常用螺纹紧固件的结构类型和标记

名称及图例	标记示例	名称及图例	标记示例
六角头螺栓	螺栓 GB/T 5782—2000 M24×70	双头螺柱	螺柱 GB/T 898—1988 M24×60
I 型六角螺母	螺母 GB/T 6170—2000 M24	开槽锥端紧定螺钉	螺钉 GB/T 71—1985 M12×50

续表

名称及图例	标记示例	名称及图例	标记示例
开槽圆柱头螺钉	螺钉 GB/T65 M8×40	开槽沉头螺钉	螺钉 GB/T 68—2000— M10×30
平垫圈	垫圈 GB/T 97.1— 2002 16	弹簧垫圈	垫圈 GB/T 94.1—2008 20

2. 常用螺纹紧固件及其连接的画法

（1）常用螺纹紧固件的画法：螺纹紧固件都是标准件,根据其标记,从有关标准中可查出全部尺寸,并作为画图的依据。为作图方便,在画图时,一般不按实际尺寸作图,而是采用比例画法和简化画法近。图 3-6-9～图 3-6-14 分别为六角螺母、垫圈、六角头螺栓、螺栓、圆柱螺钉头和开槽沉头螺钉头的画法,圆柱螺钉头及开槽沉头螺钉头的其他尺寸与图 3-6-11相同。

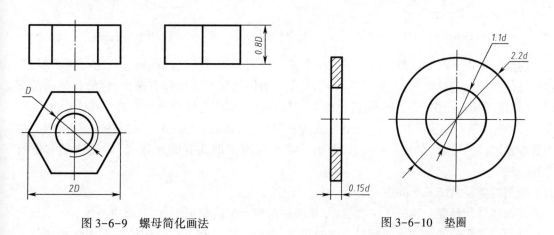

图 3-6-9　螺母简化画法　　　　　图 3-6-10　垫圈

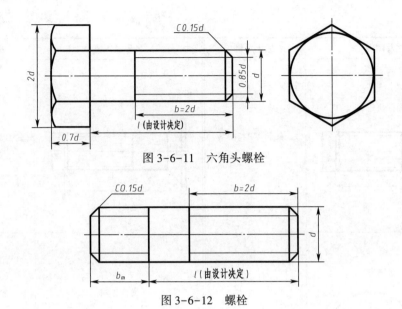

图 3-6-11　六角头螺栓

图 3-6-12　螺栓

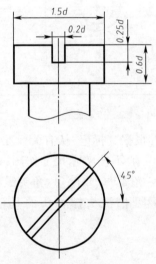

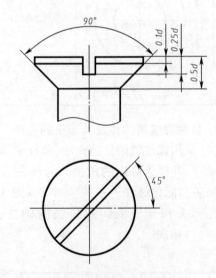

图 3-6-13　圆柱螺钉头　　　　　　　图 3-6-14　开槽沉头螺钉头

　　螺栓连接用于两个或两个以上不太厚并能钻成通孔的零件之间的连接。为了便于装配，通孔直径比螺纹直径略大，一般可按 $1.1d$ 画出。所用的螺纹紧固件有螺栓、螺母和垫圈装配时，将螺栓杆插入孔中，套上垫圈，拧上螺母，完成连接，螺栓连接的画法如图 3-6-15。

　　（2）螺纹紧固件连接的画法：用螺纹紧固件将两个（或两个以上）被连接件连接在一起，称为螺纹紧固件的连接，如图 3-6-16 所示。常见的连接形式有螺栓连接、螺柱连接和螺钉连接。

　　画图时应注意的几个问题：

　　①两零件接触面只画一条粗实线；非接触的两表面虽间隙很小，也应画两条线。

　　②两相邻零件的剖面线的倾斜方向应相反，但同一零件在各剖视图中的剖面线的倾斜方

向和间距必须一致。

③对螺栓、螺柱、螺母、垫圈等标准件,若剖切平面通过其轴线纵向剖切时,则这些零件按不剖绘制。

④已知尺寸是螺栓大径 d 和被连接件的厚度 t_1 及 t_2,螺栓的公称长度 l 应按下式估算,然后查表,选取与 l 接近的标准长度值。

$$l = t_1 + t_2 + 0.15d(垫圈厚) +$$
$$0.8d(螺母厚) + (0.2 \sim 0.5)d$$

(3)双头螺栓连接画法:双头螺柱连接用于被连接件之一较厚或不允许钻成通孔的情况。旋入被连接零件螺纹孔内的一端称为旋入端,与螺母连接的一端则称为紧固端。图 3-6-17 是双头螺柱连接示意图,图 3-6-18 是双头螺柱连接装配图。

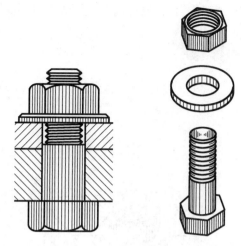

图 3-6-15 螺栓连接

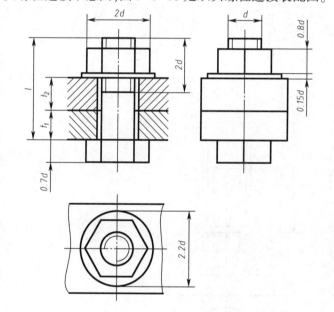

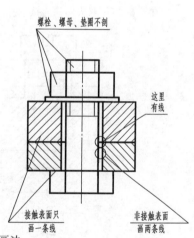

图 3-6-16 螺栓连接装配图画法

画图时应注意的几个问题:

①旋入端的螺纹终止线应与两被连接件的结合面平齐,表示旋入端已足够拧紧。

②螺柱的公称长度 L 应按下式估算,然后查标准,选取与 L 接近的标准长度值。

$$L = t_1 + 0.15d(垫圈厚) + 0.8d(螺母厚) + (0.2 \sim 0.5)d$$

(4)螺钉连接画法:螺钉连接不用螺母,它一般用于受力不大而又不需经常拆卸的地方。被连接零件中一个零件加工出螺孔,另一零件加工出通孔。装配时,先将螺钉杆部穿过一个零件的通孔而旋入另一个零件的螺孔,再用螺丝刀拧紧,以螺钉头部压紧被连接件。螺钉按用途分为连接螺钉和紧定螺钉两种,前者用来连接零件,后者主要用来固定零件。

连接螺钉有圆柱头螺钉、沉头螺钉等。图 3-6-19 为常见螺钉连接装配图的画法。

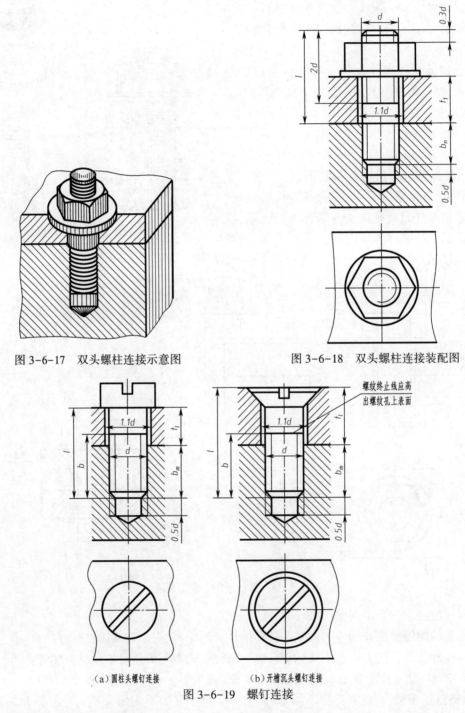

图 3-6-17　双头螺柱连接示意图　　　　图 3-6-18　双头螺柱连接装配图

（a）圆柱头螺钉连接　　　　（b）开槽沉头螺钉连接

图 3-6-19　螺钉连接

画图时应注意的几个问题：

①螺钉的公称长度可按下式计算，然后查标准，选取与 l 接近的标准长度值。

$$l = t_1 + b_m（螺钉旋入螺孔的长度）$$

式中 b_m——根据被旋入零件的材料而定。

②螺纹长度 $b \geqslant 2d$,应使螺纹终止线伸出螺孔端面,以表示螺钉尚有拧紧的余地,保证连接件已被压紧。

③螺钉头上的槽宽可以涂黑,在投影为圆的视图上,应画成倾斜45°。

(5)紧定螺钉连接:紧定螺钉也是机器上经常使用的一种螺钉,用来固定两个零件的相对位置,使他们不产生相对运动。图3-6-20为轴和齿轮用开槽锥端紧定螺钉连接的画法。

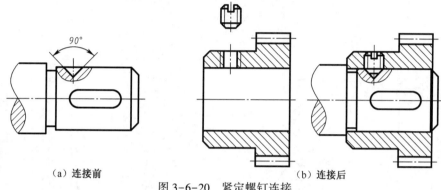

(a) 连接前　　　　　　　　　　　(b) 连接后

图 3-6-20　紧定螺钉连接

任务实施要求

完成任务书指定任务,任务实施要求如下:

(1)教师统一讲解任务内容,演示并指导任务实施过程。

(2)学生根据任务表具体要求完成任务。

(3)教师归纳、总结任务完成情况。

(4)学生分享完成任务的心得体会。

任务 3-6-2　齿轮

任务	学习直齿圆柱齿轮的画法
目的	1. 认识直齿圆柱齿轮的名称和代号,以及基本参数和尺寸计算 2. 掌握直齿圆柱齿轮的画法
要求	分析齿轮的简化画法抄绘(a)、(b)两图

续表

项目	完成直齿圆柱齿轮的画法			
要求	序号	名称	符号	计算公式
	1	齿顶高	h_a	$h_a = m$
	2	齿根高	h_f	$h_f = 1.25m$
	3	齿高	h	$h = h_a + h_f = 2.25m$
	4	分度圆直径	d	$d = mz$
	5	齿顶圆直径	d_a	$d_a = d + 2h_a = m(z+2)$
	6	齿根圆直径	d_f	$d_f = d - 2h_f = m(z-2.5)$
	7	齿距	p	$p = \pi m$
	8	齿厚	s	$s = p/2$
	9	中心距	a	$a = (d_1 + d_2)/2 = m(z_1 + z_2)/2$

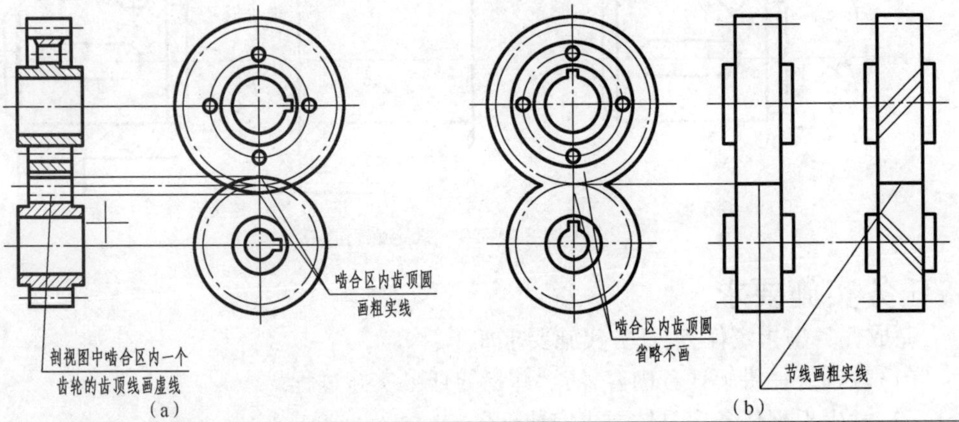

剖视图中啮合区内一个
齿轮的齿顶线画虚线
（a）

啮合区内齿顶圆
画粗实线

啮合区内齿顶圆
省略不画

节线画粗实线

（b）

提示	1. 要有规律性的去记忆直齿圆柱齿轮的计算公式。 2. 绘制啮合直齿圆柱齿轮时,要注意粗细实线的区分。
后记	

知识点

- 齿轮的规定画法。
- 齿轮的种类和标注。

技能点

- 掌握齿轮的画法。
- 掌握齿轮的参数计算。

任务分析

由任务书所示直齿圆柱齿轮的名称代号、计算公式、啮合直齿圆柱齿轮的画法。按照这样的学习顺序将直齿圆柱齿轮由开始的了解到最后的深入,最终达到学习目的——绘制啮合直齿圆柱齿轮。

知识准备

绘制啮合直齿圆柱齿轮

1. 常见齿轮的传动形式、功用及应用场合

在我们的日常生活当中,比如钟表、一些大型的机械部件中,都存在齿轮传动,那么这些齿轮有哪些类型,它们的传动方式又是什么形式,又应用于哪些场合中? 我们们带着这样几个问题进入到接下来的学习中。

　　齿轮是机械传动中广泛应用的一种传动零件。它可以用来传递动力、改变运动方向和速度,但必须成对使用。常见的齿轮及传动形式有:

　　圆柱齿轮————用于两平行轴之间的传动,如图 3-6-21(a)所示。

　　圆锥齿轮————用于两相交轴之间的传动,如图 3-6-21(b)所示。

　　蜗轮蜗杆————用于两交叉轴之间的传动,如图 3-6-21(c)所示。

（a）圆柱齿轮　　　　　（b）圆锥齿轮　　　　　（c）蜗轮蜗杆

图 3-6-21　常见的齿轮传动形式

　　通过以上的学习,要求学生掌握齿轮的基本知识、结构、各部分的名称、尺寸,能够正确绘制直齿圆柱齿轮零件工作图、齿轮啮合图。直齿圆柱轮零件图如图 3-6-22 所示。

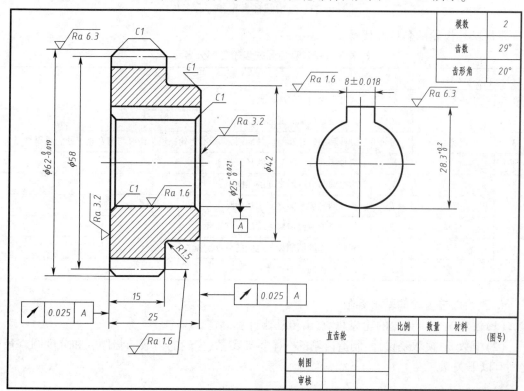

图 3-6-22　直齿圆柱齿轮零件图

2. 直齿圆柱齿轮零件图

圆柱齿轮按其轮齿方向分为直齿、斜齿和人字齿三种。齿轮的齿形有渐开线、摆线、圆弧等,这里主要介绍渐开线标准齿轮的有关知识和画法规定。

注:在绘制直齿圆柱齿轮零件图时,首先要看懂图,其次是要注意剖面线的画法(剖面线的方向一致),标注尺寸时不得漏标和错标等。

3. 直齿圆柱齿轮的各部分名称和代号

直齿圆柱齿轮各部分名称及代号如图3-6-23所示。

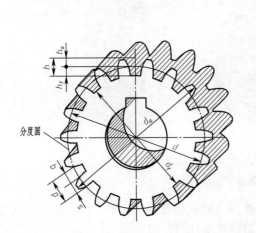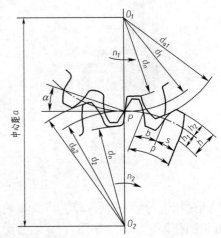

图 3-6-23 直齿圆柱齿轮各部分名称

直齿圆柱齿轮的名称及代号见表3-6-3。

表 3-6-3 直齿圆柱齿轮各部分名称

序号	名称	符号	含　义
1	齿顶圆直径	d_a	通过齿轮顶部的圆的直径
2	齿根圆直径	d_f	通过齿轮根部的圆的直径
3	分度圆直径	d	设计和加工计算时的基准圆,对标准齿轮来说为齿厚与槽宽相等处的圆周直径
4	齿顶高	h_a	齿顶圆与分度圆之间的径向距离
5	齿根圆	h_f	齿根圆与分度圆之间的径向距离
6	齿高	h	齿顶圆与齿根圆之间的径向距离
7	齿厚	s	一个齿的两侧齿廓之间的分度圆弧长
8	齿距	p	相邻两齿的同侧齿廓之间的分度圆弧长
9	齿宽	b	齿轮轮齿的轴向宽度

4. 直齿圆柱齿轮的基本参数

(1)齿数 z:一个齿轮的轮齿总数,由传动比计算确定。

(2)模数 m:模数是设计、制造齿轮的一个重要参数,齿轮的齿数 z、齿距 p 和分度圆直径 d 之间有以下关系。

$$\pi d = pz \ ; \ d = \frac{p}{\pi}z \ ; \ 令 \ m = \frac{p}{\pi} \ ; 则 \ d = mz$$

在齿数一定的情况下,m 越大,齿轮的承载能力越大。一对相互啮合的齿轮其模数、压力角必须相等。

(3)齿形角(压力角) α :齿廓曲线和分度圆的交点处的径向与齿廓在该点处的切线所夹的锐角,标准齿轮的压力角为 20°。

(4)传动比 i :传动比为主动齿轮的转速 $n_1(r/min)$ 与从动齿轮 $n_2(r/min)$ 之比,即 n_1/n_2。由 $n_1z_1 = n_2z_2$ 可得: $i = n_1/n_2 = z_2/z_1$。

(5)中心距 a :两圆柱齿轮轴线之间的最短距离称为中心距,即:

$$a = (d_1 + d_2)/2 = m(z_1 + z_2)/2$$

5. 直齿圆柱齿轮几何要素的尺寸计算

标准直齿圆柱齿轮各部分的尺寸都是根据模数来确定的,计算公式见表 3-6-4。

表 3-6-4　标准直齿圆柱齿轮计算公式

序号	名称	符号	含　义
1	齿顶高	h_a	$h_a = m$
2	齿根高	h_f	$h_f = 1.25m$
3	齿高	h	$h = h_a + h_f = 2.25m$
4	分度圆直径	d	$d = mz$
5	齿顶圆直径	d_a	$d_a = d + 2h_a = m(z+2)$
6	齿根圆直径	d_f	$d_f = d - 2h_f = m(z-2.5)$
7	齿距	p	$p = \pi m$
8	齿厚	s	$s = p/2$
9	中心距	a	$a = (d_1 + d_2)/2 = m(z_1 + z_2)/2$

注:要求同学们必须熟练记忆直齿圆柱齿轮的几何要素的尺寸计算

6. 直齿圆柱齿轮的画法

(1)单个直齿圆柱齿轮的画法:国家标准 GB/T 4459.2—2003 对齿轮的轮齿部分画法有以下规定:在投影为圆的视图中,分别用齿顶圆、分度圆和齿根圆表示,在非圆视图中,分别用齿顶线、分度线和齿根线表示。

①齿顶圆和齿顶线用粗实线绘制。

②分度圆和分度线用细点画线绘制(分度线应超出轮齿两端面 2~3 mm)。

③齿根圆和齿根线用细实线绘制,也可省略不画,如图 3-6-24(a)所示。在剖视图中,齿根线用粗实线绘制,这时不可省略。当剖切平面通过轮齿时,轮齿一律按不剖绘制.除轮齿部分外,齿轮的其他部分结构均按真实投影画出。齿轮属于轮盘类零件,其表达方法与一般轮盘类零件相同。通常将轴线水平放置,可选用两个视图表达,如图 3-6-24(b)所示。

④当需要表示斜齿或人字齿的齿线方向时,可用三条与齿线方向一致的细实线表示,如图 3-6-24(c)所示。

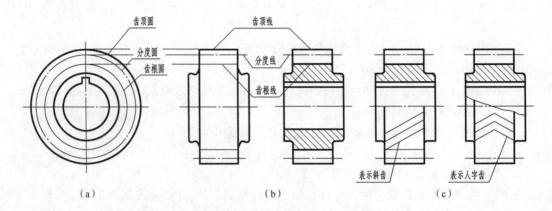

（a）　　　　　　　　（b）　　　　　　　（c）

图 3-6-24　直齿圆柱齿轮的画法

（2）啮合圆柱齿轮的画法：对齿轮啮合的画法如图 3-6-25 所示。除啮合区外，其余部分均按单个齿轮绘制，啮合区按如下规定绘制。

①在反映为圆的视图（垂直于齿轮轴线的视图）中，齿顶圆均按粗实线绘制，两齿轮分度圆相切，用细实线绘制，齿根圆省略不画。

②在非圆的视图上，采用剖视图时，在啮合区域，一个齿轮的轮齿用粗实线绘制，另一个齿轮的轮齿按被遮挡处理，齿线用细虚线绘出，齿顶线和齿根线之间的缝隙为 $0.25\ m$（m 为模数）。当不采用剖视而用外形视图表示时，在非圆视图上，啮合区的齿顶线和齿根线均不画，分度线用粗实线绘制。

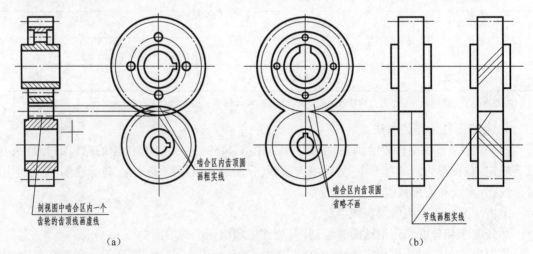

（a）　　　　　　　　　　　　　　（b）

图 3-6-25　直齿圆柱齿轮啮合的画法

任务实施要求

完成任务书指定任务，任务实施要求如下：

（1）教师统一讲解任务内容，演示并指导任务实施过程。

（2）学生根据任务表具体要求完成任务。

（3）教师归纳、总结任务完成情况。

（4）学生分享完成任务的心得体会。

任务 3-6-3　蜗轮蜗杆

任务	蜗 轮 蜗 杆
目的	1. 理解蜗轮蜗杆的功用、构造 2. 理解蜗轮蜗杆的画法
要求	项目数据： 标准蜗轮：轴向模数 $m=3.15$，齿数 $z=28$ 标准蜗杆：轴向模数 $m=3.15$，直径系数 $q=11.27$ 任务要求： 设计该蜗轮蜗杆，用 A4 图纸按 1：1 比例绘制其啮合图 任务指导： 设计蜗轮蜗杆，绘制啮合图采用下面三个步骤： （1）计算蜗轮蜗杆的分度圆、齿顶圆、齿根圆等参数 蜗杆表格见下 （2）计算蜗轮蜗杆的中心距 （3）参考下列给出的蜗杆蜗轮零件图，绘制其啮合图

蜗杆（基本参数：轴向模数 $m=3.15$，直径系数 $q=11.27$）

名称	代号	尺寸公式	计算结果
分度圆			
齿顶圆直径			
齿根圆直径			
齿顶高			
齿根高			
齿高			

蜗轮（基本参数：轴向模数 $m=3.15$，齿数 $z=28$）

名称	代号	尺寸公式	计算结果
分度圆			
齿顶圆直径			
齿根圆直径			
齿顶高			
齿根高			
齿高			

续表

项目	蜗轮蜗杆

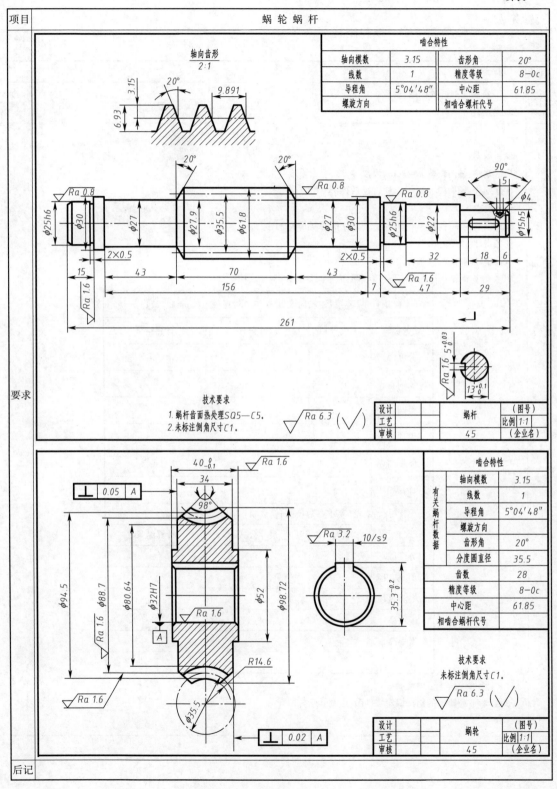

啮合特性			
轴向模数	3.15	齿形角	20°
线数	1	精度等级	8-0c
导程角	5°04′48″	中心距	61.85
螺旋方向		相啮合螺杆代号	

轴向齿形 2:1

技术要求
1. 蜗杆齿面热处理SQ5—C5.
2. 未标注倒角尺寸C1.

Ra 6.3

设计		蜗杆		(图号)
工艺				比例 1:1
审核		45		(企业名)

有关蜗杆数据	啮合特性	
	轴向模数	3.15
	线数	1
	导程角	5°04′48″
	螺旋方向	
	齿形角	20°
	分度圆直径	35.5
	齿数	28
	精度等级	8-0c
	中心距	61.85
	相啮合蜗杆代号	

技术要求
未标注倒角尺寸C1.

Ra 6.3

设计		蜗轮		(图号)
工艺				比例 1:1
审核		45		(企业名)

要求	
后记	

📎知识点

- 蜗轮蜗杆的规定画法。
- 蜗轮蜗杆的标注。

📎技能点

- 掌握蜗轮蜗杆的的画法。
- 掌握蜗轮蜗杆的规定标注。

📎任务分析

本次任务主要介绍蜗轮蜗杆的功用、构造及蜗轮蜗杆的画法。

📎知识准备

蜗轮蜗杆常用于垂直交叉两轴之间的传动,如图 3-6-26 所示。一般情况下,蜗杆是主动件,蜗轮是从动件。蜗轮蜗杆传动具有结构紧凑、传动比大的优点,但效率低。蜗杆齿廓的轴向剖面呈等腰梯形,与梯形螺纹相似,其齿数又称头数,相当于螺纹的线数,常用单头或双头蜗杆。

图 3-6-26 蜗轮蜗杆

1. 单个蜗杆、蜗轮的画法

单个蜗杆、蜗轮的画法与圆柱齿轮的画法基本相同。

蜗杆的主视图上可用局部剖视或局部放大图表示齿形,齿顶圆(齿顶线)用粗实线画出,分度圆(分度线)用细点画线画出,齿根圆(齿根线)用细实线画出或省略不画,如图 3-6-27 所示。

蜗轮通常用剖视图表达,在投影为圆的视图中,只画分度圆(d_2)和齿顶圆(de_2),如图3-6-28 所示。

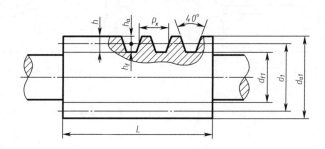

图 3-6-27 蜗杆的画法

2. 蜗杆与蜗轮啮合画法

图 3-6-29 所示为蜗杆与蜗轮啮合画法,其中图 3-6-29(a)所示为蜗杆与蜗轮啮合时的剖视画法,图 3-6-29(b)所示为啮合时的外形视图。画图时要保证蜗杆的分度线与蜗轮的分度圆相切。在蜗轮投影不为圆的外形视图中,蜗轮被蜗杆遮住部分不画;在蜗轮投影为圆的

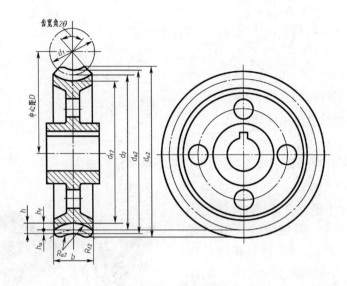

图 3-6-28 蜗轮的画法

视图中,蜗杆、蜗轮啮合区的齿顶圆都用粗实线绘制。

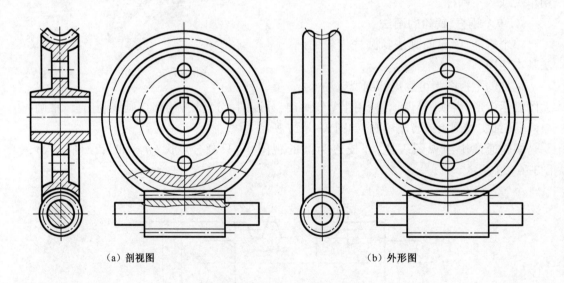

（a）剖视图 　　　　　　　　　　　　　（b）外形图

图 3-6-29 蜗轮与蜗杆啮合画法

任务实施要求

完成任务书指定任务,任务实施要求如下:

(1)教师统一讲解、演示并指导任务实施过程。

(2)学生课堂进行练习,教师进行指导。

(3)教师归纳、总结评价任务完成情况。

(4)学生总结任务心得,填入任务书后记栏中。

任务 3-6-4 键、销连接

任务	键、销
目的	1. 理解什么是键、什么是销以及它们的作用 2. 掌握键、销的分类,每种类型的键、销的用途 3. 掌握键槽的画法及尺寸标注
要求	根据图示键、销参数,绘制出其三视图 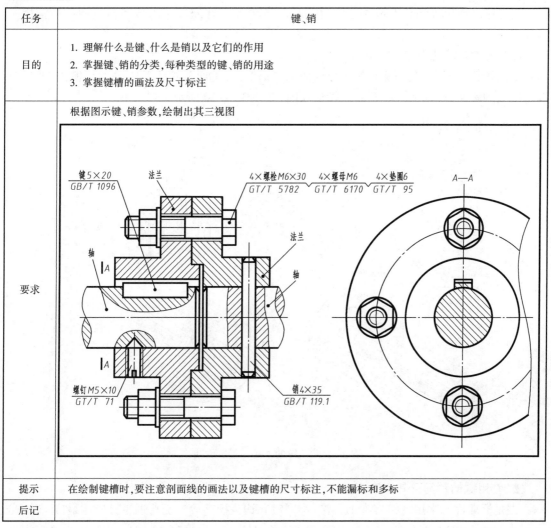
提示	在绘制键槽时,要注意剖面线的画法以及键槽的尺寸标注,不能漏标和多标
后记	

知识点

- 销、键连接的规定画法。
- 销、键连接的标记。

技能点

- 掌握销、键连接的画法。
- 掌握销、键连接的标记。

任务分析

按任务书所示的轴和轮毂的键槽,根据键槽的特点,绘制出轴及轮毂上键槽的视图。在任务实施过程中,培养同学们认真负责,一丝不苟的学习态度。

知识准备

（一）键

键是用来连接轴和轴上传动零件（齿轮、皮带轮等），并通过它来传递转矩的一种常用标准件。

1. 键的连接与加工方法

要连接轮与轴，须在轴和轮毂上分别加工出键槽，装配时先将键装入轴的键槽内，然后对准轮毂上的键槽，将轴和键一起插入轮毂孔内，如图 3-6-30 所示。

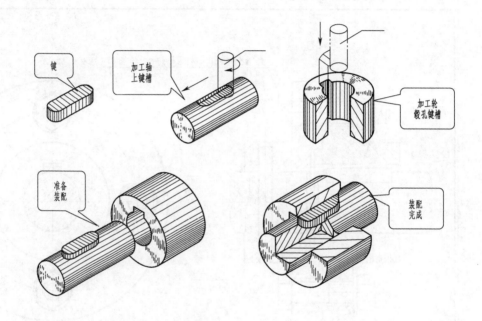

图 3-6-30 键的连接与加工方法

2. 常用键的种类及其标记

键是标准件。常用的键有普通平键、半圆键和钩头楔键等。而普通平键应用最广，又可分为圆头普通平键（A 型）、方头普通平键（B 型）和单圆头普通平键（C 型），如图 3-6-31 所示。常用键的形式和标记示例见表 3-6-5 所示。

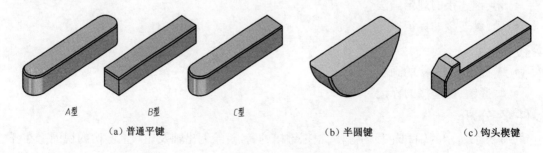

A型　B型　C型
（a）普通平键　　　　　　　　　　（b）半圆键　　　　（c）钩头楔键

图 3-6-31 常用键

表 3-6-5　常用键的型式和标记示例

名称及标准	图例	标记示例说明
普通平键 GB/T 1096—2003		$b = 16$ mm、$h = 10$ mm、$L = 50$ mm 的 A 型(圆头)普通平键,其标记为: GB/T 1096 键 16×10×50 (B 型、C 型普通平键在尺寸规格前面加注 B 或 C)
半圆键 GB/T 1099.1—2003		$b = 6$ mm、$h = 10$ mm、$d_1 = 25$ mm,$L = 24.54$ mm 的半圆键,其标记为: GB/T 1099.1　键 6×10×25
钩头楔键 GB/T 1565—2003		$b = 18$ mm、$h = 11$ mm、$L = 100$ mm 的钩头楔键,其标记为: GB/T 1565　键 18×100

3. 键槽的画法及尺寸标注

键槽的尺寸可根据轴的直径从国标中查询,如图 3-6-32 所示。

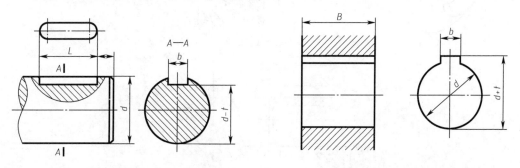

(a)轴上(平键)键槽的表示法和尺寸标注　　　　(b)轮毂上键槽的表示法和尺寸标注

图 3-6-32　键槽的画法及尺寸标注

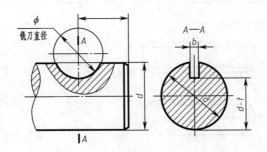

（c）（半圆键）键槽的表示法和尺寸标注

图 3-6-32　键槽的画法及尺寸标注（续）

4. 了解常用键连接的画法

　　楔键有普通楔键和钩头楔键两种。钩头楔键顶面是 1∶100 的斜度，连接时沿轴向把键打入键槽内，至打紧为止。因此，上、下两底面为工作面，两侧面为非工作面。连接图中上、下面均画成一条线；

　　两侧面应画两条线如图 3-6-33（c）所示。

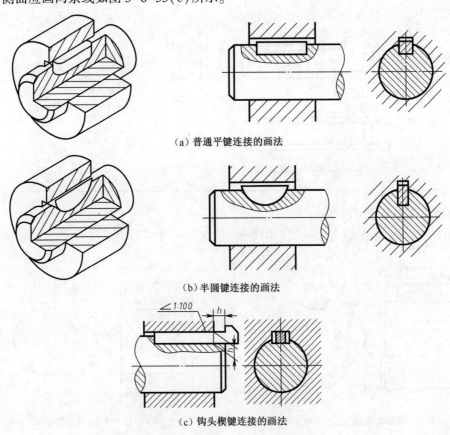

（a）普通平键连接的画法

（b）半圆键连接的画法

（c）钩头楔键连接的画法

图 3-6-33　常用键连接的规定画法

(二) 销

除了常用键外,再介绍一种标准件———销。销常用于零件之间的连接、定位或防松,也可用于轴和轮毂之间的连接,传递不大的载荷,还可以作为安全装置中的过载剪断元件。常用的销有圆柱销、圆锥销和开口销。圆柱销和圆锥销用作零件间的连接或定位;开口销用来防止连接螺母松动或固定其他零件。销和销孔装配要求很高,因此,通常把需要连接定位的若干个零件装配好后再一起加工。现介绍销及其连接的画法。

1. 常用销的形式和标记

常用销的形式和标记见表 3-6-6。

表 3-6-6　常用销的形式和标记

名称	立体图	图例	标记示例
圆柱销			表示公称直径 $d = 6$ mm,公差为 m6,公称长度为 $l = 30$ mm,材料为钢、不经淬火、不经表面处理的圆柱销,其标记为: 销　GB/T 119.1 6m6×30
圆锥销		1:50	表示公称直径(小端直径) $d = 10$ mm,公称长度为 $l = 100$ mm,材料为 35 钢、A 型圆柱销,其标记为: 销　GB/T 117 10×100
开口销			表示公称直径 $d = 4$ mm(指销孔直径)、公称长度为 $l = 20$ mm,材料为低碳钢、不经表面处理的开口销,其标记为: 销　GB/T 91 4×20

2. 销连接的表示方法

销连接的表示方法如图 3-6-34 所示。

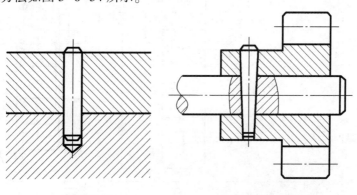

(a) 圆柱销连接　　　　　(b) 圆锥销连接

图 3-6-34　销连接的画法

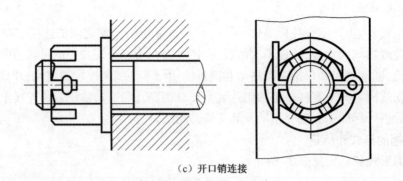

（c）开口销连接

图 3-6-34　销连接的画法(续)

任务实施要求

完成任务书指定任务,任务实施要求如下:

（1）教师统一讲解任务内容,演示并指导任务实施过程。

（2）学生根据任务表具体要求完成任务。

（3）教师归纳、总结任务完成情况。

（4）学生分享完成任务的心得体会。

任务 3-6-5　滚动轴承

任务	滚 动 轴 承
目的	1. 理解轴承功用及标记识读 2. 掌握滚动轴承装配图画法
要求	1. 解释下面所列轴承代号的含义,查表确定滚动轴承的尺寸,并用规定画法在轴端画出轴承与轴的装配图 （1）深沟球轴承 6208 （2）圆锥滚子轴承 30208
后记	

知识点

- 滚动轴承的规定画法。
- 滚动轴承的标记。

技能点

- 掌握滚动轴承的画法。
- 掌握滚动轴承的标记。

任务分析

本次任务主要介绍滚动轴承的功用、标记识读及滚动轴承的规定画法。

知识准备

1. 滚动轴承功用及标记识读

滚动轴承是支承转动轴的标准部件,具有结构紧凑,摩擦力小,动能损耗少和旋转精度高等优点。在生产中使用比较广泛,滚动轴承的规格,形式很多,都已标准化。由专门的工厂生产,使用时应根据设计要求,选用标准系列的轴承代号。

滚动轴承的种类很多,但它们的结构大致相同,一般由外圈、内圈、滚动体和保持架四部分(图3-6-35)组成。滚动轴承是标准部件,因此不必画出其零件图,只需根据需要确定型号即可。

滚动轴承的型号常用四位数字的代号表示。从右至左第一、二位数字表示轴承内径代号,第三位数字表示轴承直径系列,第四位数字表示轴承类型,具体见表3-6-7。滚动轴承也有用七位数字表示的,此时请读者查阅有关手册。当滚动轴承代号的高位数字为"0"时,可省略标注,如0000206为206。

滚动轴承的标记形式为:

轴承　数字代号　国标编号

例 1　轴承 206　GB 273.3-1988。

该标记表示轴承内径 $d = 06 \times 5 = 30$,2 表示轻系列、深沟球轴承。

例 2　轴承 7315　GB 273.1-87

该标记表示轴承内径 $d = 15 \times 5 = 75$,3 表示中系列,7 表示圆锥滚子轴承。

图 3-6-35 滚动轴承结构

表 3-6-7 滚动轴承代号意义

从右至左	第四位数	第三位数	第一、二位数
数字代表的意义	轴承类型	直径系列	轴承内径
代号	0 深沟球轴承	—	代号为 00、01、02、03 时,轴承的内径分别为 $d = 10$、12、15、17; 代号为 04 以上时,轴承内径 $d = $ 数字×5,例 09 为 $d = 9 \times 5 = 45$。
	1 调心球轴承	特轻	
	2 圆柱滚子轴承	轻	
	3 调心滚子轴承	中	
	4 滚针轴承	重	
	5 螺旋滚子轴承	轻	
	6 角接触球轴承	中	
	7 圆锥滚子轴承	特轻	
	8 推力球轴承	超轻	
	9 推力滚子轴承	超轻	

2. 滚动轴承的画法

当需要在装配图中表达滚动轴承的主要结构时,只需根据滚动轴承的代号,在附表中查出外径 $D1$、内径 d 和宽度 B 等几个主要尺寸,按比例简化画出即可。常用滚动轴承的比例画法见表3-6-8。

表 3-6-8　常用滚动轴承的画法

名称	规定画法	简化画法	
		特征画法	通用画法
深沟球轴承	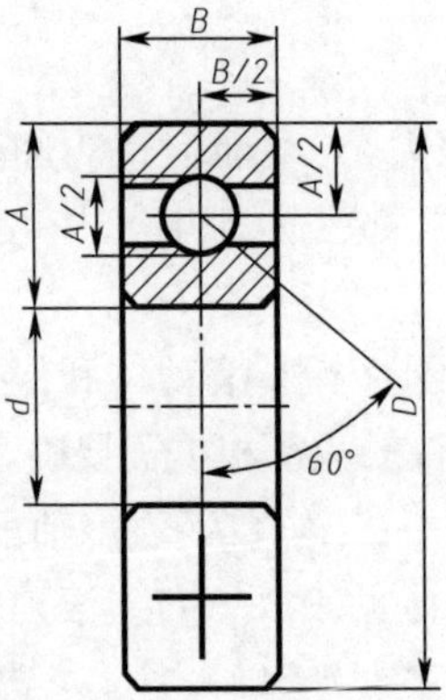	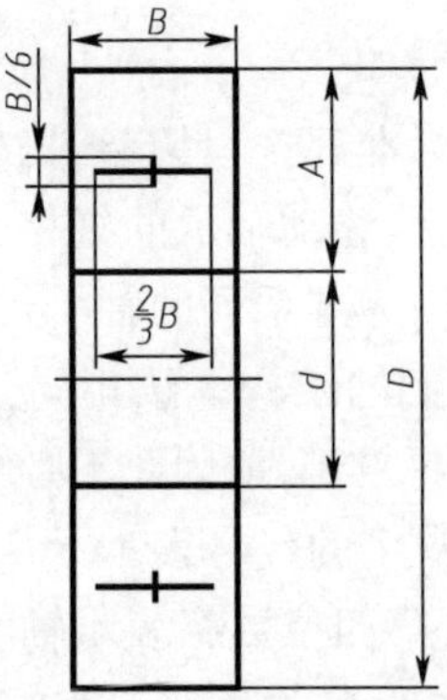	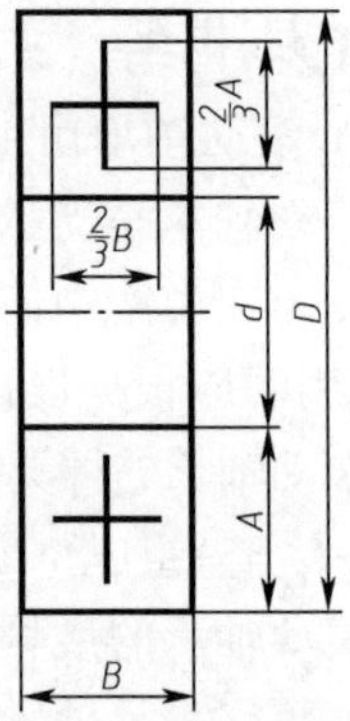 当不需要确切地表示外形轮廓、载荷特征、结构特征时
推力球轴承	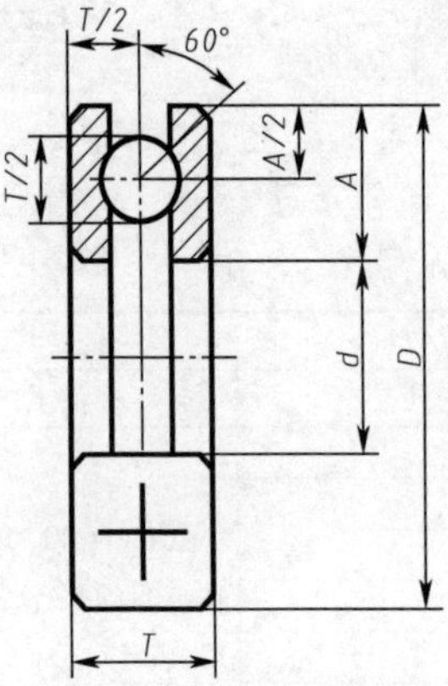	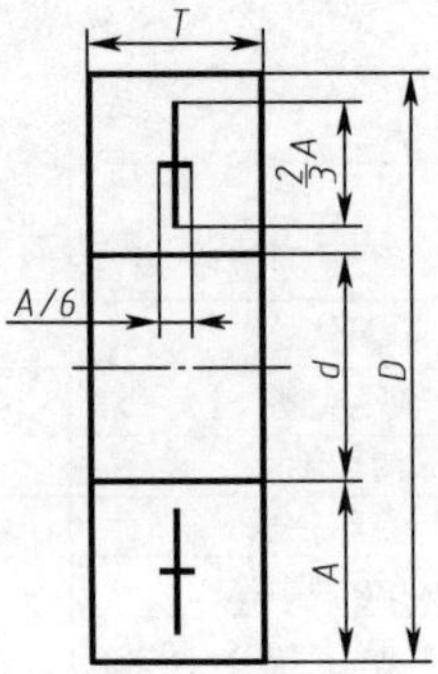	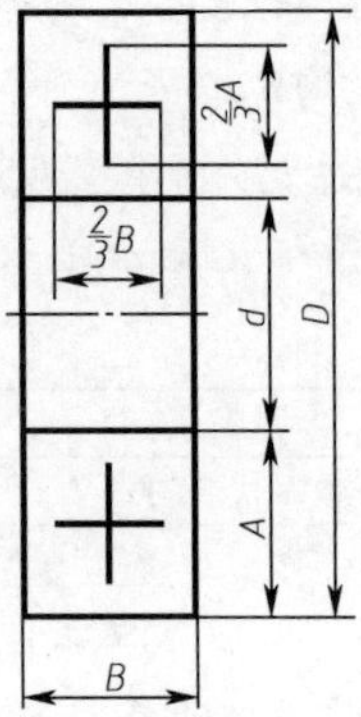 当不需要确切地表示外形轮廓、载荷特征、结构特征时

续表

名称	规定画法	简化画法	
		特征画法	通用画法
圆锥滚子轴承	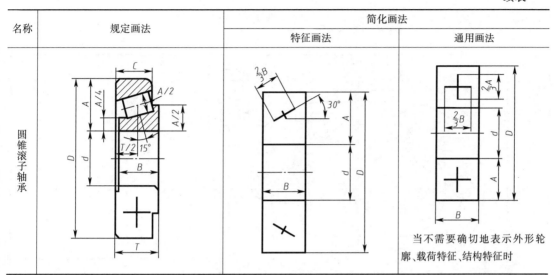		当不需要确切地表示外形轮廓、载荷特征、结构特征时

任务实施要求

完成任务书指定任务,任务实施要求:

(1)教师统一讲解任务内容,演示并指导任务实施过程。

(2)学生根据任务表具体要求完成任务。

(3)教师归纳、总结任务完成情况。

(4)学生分享完成任务的心得体会。

项目3-7 装 配 图

任务 齿轮油泵装配图

任务	齿轮油泵装配图
目的	1. 了解装配图的作用和组成 2. 掌握装配图的识读
要求	读懂其装配图,并回答下列问题: 1. 该装配体共有_____种零件组成。 2. 该装配图共有_____个图形。它们分别是_____,_____,_____。 3. 按装配图的尺寸分类,尺寸 50 属于_____尺寸,尺寸 65 属于_____尺寸,尺寸 70 属于_____尺寸,尺寸 85 属于_____尺寸,尺寸 96 属于_____尺寸,尺寸 110 属于_____尺寸。

续表

任务	齿轮油泵装配图
要求	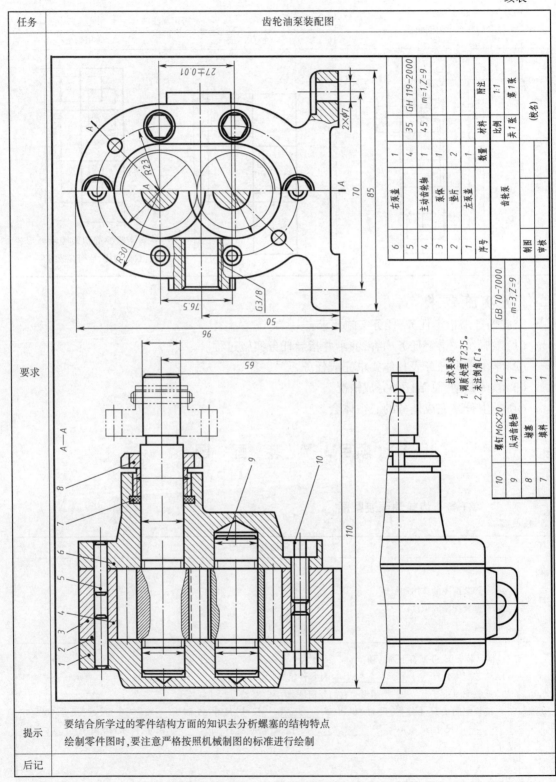
提示	要结合所学过的零件结构方面的知识去分析螺塞的结构特点 绘制零件图时,要注意严格按照机械制图的标准进行绘制
后记	

任务分析

掌握装配图的基本知识,读懂齿轮油泵装配图并回答问题。

知识准备

(一)装配图的作用

装配图是指导产品生产和使用,进行技术交流的重要技术文件。任何机器或部件都是根据其性能和工作原理,由一些零件按一定的装配关系和技术要求装配而成,如图 3-7-1 所示的泄气阀,由 7 个零件装配而成,通过推动阀杆,顶起钢珠打开或关闭阀口,实现泄气。用以表达机械或部件的工作原理、结构性能以及各零件之间的连接装配关系的图样,称为装配图。图 3-7-2 所示为泄气阀的装配图。

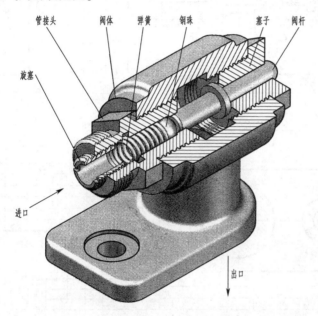

管接头 阀体 弹簧 钢珠 塞子 阀杆

旋塞

进口

出口

图 3-7-1 泄气阀立体图

装配图是表达零部件之间相互位置、结构形状和尺寸关系的图样,是设计、制造、使用、维修以及技术交流的重要技术文件。在产品设计时,一般先绘制装配图,然后再根据装配图绘制零件图。装配时,则根据装配图把零件装配成机器或部件。在使用和维修时,通过装配图调试、操作、检修机器或部件。

要求能够识读中等复杂的装配图,掌握装配图的表达方法及装配含义,判断装配结构是否合理,能够拆画零件图。

(二)装配图的基本要素

从图 3-7-1 所示泄气阀的装配图中可看出,一张完整的装配图应包括以下内容:

(1)一组视图:用来表达机械或部件的整体概貌、工作原理、结构性能以及零件之间的连接装配关系等。

(2)必要的尺寸:表达或标注出与机器或部件的性能、规格、装配及安装等有关的尺寸。

（3）技术要求：用文字或规定符号说明机器或部件在装配、安装和检验等方面应达到的技术指标。

（4）零件序号、明细栏和标题栏：注明机器或部件的名称、代号、比例及必要的签署等内容。序号用来对装配图中的每一种零（组）件按顺序编号，明细栏用来说明装配图中全部零（组）件的序号、代号、名称、材料、数量及备注或标准等。

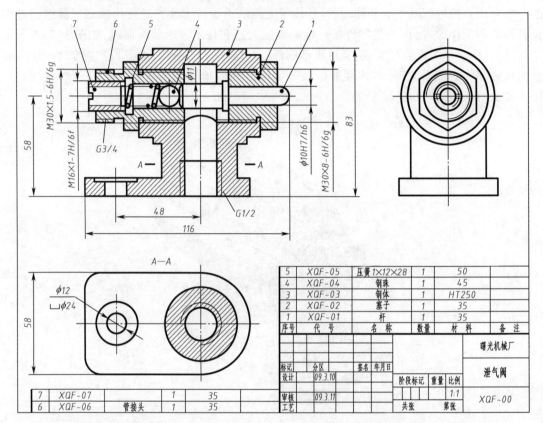

5	XQF-05	压簧1×12×28	1	50	
4	XQF-04	钢珠	1	45	
3	XQF-03	钢体	1	HT250	
2	XQF-02	塞子	1	35	
1	XQF-01	杆	1	35	
序号	代号	名称	数量	材料	备注

图 3-7-2　泄气阀装配图

（三）装配图的表达方法

装配图的表达方法，除了机件常用表达方法，比如视图、剖视图、断面图、局部放大图等外还有一些规定画法和特殊画法，侧重于表达各零件的装配关系和连接方式及工作原理。

为了迅速地从装配图中区分出不同的零件，制图标准对装配图的画法做了如下规定：

（1）两个零件接触面或配合面只画一条粗实线，不接触或不配合的两个表面虽然间隙很小也应画两条线，如图 3-7-3 所示。

（2）两个相邻零件的剖面线的倾斜方向应相反，三个或更多个零件相邻时，各个零件的剖面线以方向间隔不同来区，但同一零件在各视图中的剖面线的倾斜方向和间隔必须，当零件厚度小于 2 mm 时，剖切允许用涂黑代替剖面线。

（3）对螺栓、螺柱、螺母、垫圈、键、销等标准件和轴、球、连杆、手柄、吊钩等实心零件，若剖切平面通过其轴线或对称平面纵向剖切，这些零件按不剖绘制。若需表示其键槽、销孔等局部

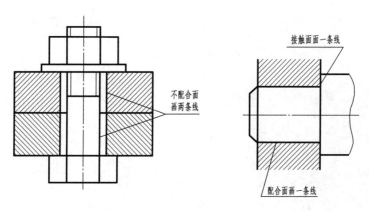

图 3-7-3 接触面和配合面的画法

结构,可用局部剖视。

(四)掌握装配图的特殊画法

为了清晰地表达机器或部件的工作原理和装配关系,制图标准对装配图的画法有如下特殊规定:

(1)拆卸画法:装配图的某一视图,如果所要表达的部分被某个零件遮住或某零件无需重复表达,可假想将其拆去不。采用拆卸画法时,该视图上方需注明"拆去××"。如图 3-7-4 所示旋塞阀的左视图 A 向,就是拆去定位块和扳手后绘制的。

(2)沿零件结合面剖切画法:在装配图中为表达某些内部结构,可沿零件间的结合面剖切后进行投射。这种表达方法称为沿结合面剖切画法。结合面不画剖面线,但螺钉等实心零件若垂直轴线剖,则应绘制剖面线,如图 3-7-5 所示。

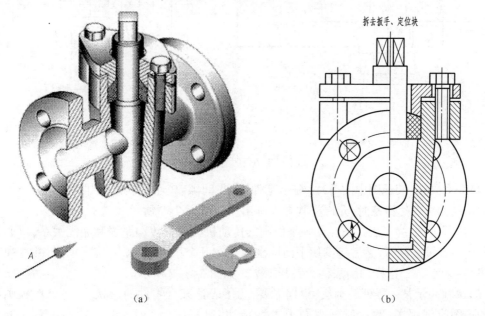

(a)　　　　　　　　　　　　　　　　　　(b)

图 3-7-4 拆卸画法

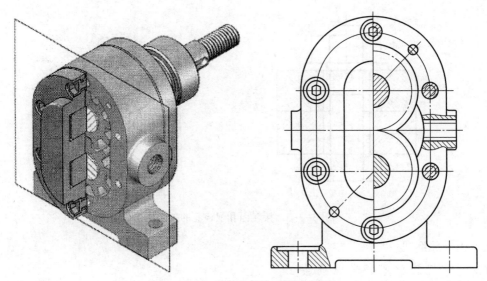

图 3-7-5 沿零件结合面剖切画法

(3)假想画法:为了表示本部件与其他零件的安装和连接关系,可把与本部件有密切关系的其他相关零件,用双点画线画出。如图 3-7-6 所示,为了表示车刀夹与车刀的连接关系,可在车刀夹的装配图中将车刀用双点画线画出。当需要表示运动零件的极限位置时,也可用双点画线画出,如图 3-7-6(b)中的双点画线,表示扳手的极限位置。

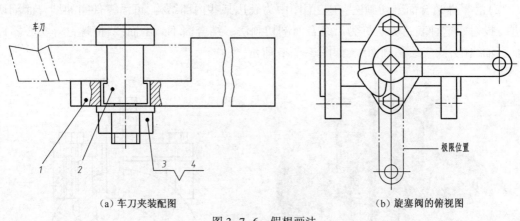

(a)车刀夹装配图　　　　　　　　(b)旋塞阀的俯视图

图 3-7-6 假想画法

(4)夸大画法:装配图中的薄片、细小零件、较小间隙、较小的斜度或锥度,若按全图采用的比例绘制无法表达清楚时,允许将其夸大画出。如图 3-7-7 所示

(5)展开画法:为了表达不在同一平面内的传动机构及其传动路线和装配关系,可假想按传动顺序沿各轴线剖开,然后将剖切平面依次展开在一个平面上,画出其剖视图,并在视图上方标注"×-×展开",这样的画法称为展开画法。如图 3-7-8 所示。

(6)单独表示某一零件的画法:根据需要,为了表达某个零件的形状,可另外单独画出该零件的视图或剖视图,并在所画视图上方加标注,可标注为"×-×B"或"×-×零件 B",如图 3-7-9所示。

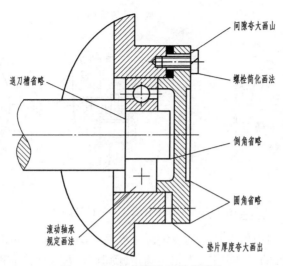

图 3-7-7 夸大画法和简化画法

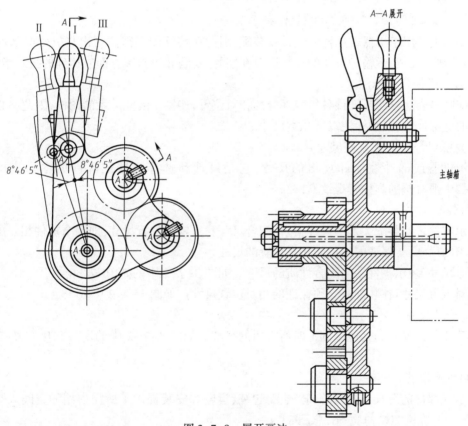

图 3-7-8 展开画法

（7）简化画法。

①对于若干相同的零件组,比如螺钉、螺栓、螺柱连接等,可只详细地画出一处,其余用点画线表明其中心位置。如图 3-7-7 所示

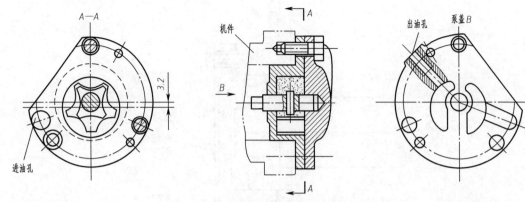

图 3-7-9　单独表示某一零件的画法

②滚动轴承在剖视图中可按轴承的规定画法或简化画法绘制,如图 3-7-7 所示

③在装配图中,零件的工艺结构,比如小圆角、倒退刀槽、等允许省略不画,如图 3-7-7 所示。螺栓、螺母头部可采用简化画法,如图 3-7-7 所示。

(五)装配图的尺寸标注和技术要求

装配图主要用于机器或部件的设计及装配,因此在装配图上需注写出与机器或部件的性能、规格、装配、安装、运输等有关的尺寸以及在装配、安装和检验等方面应达到的技术指标。

1. 装配图的尺寸标注

装配图是表达机器或部件各组成部分的相对位置、连接及装配关系的图样,因此不必注出各零件的全部尺寸,只须标注以下几类尺寸。

(1)性能尺寸(亦称规格尺寸)。

表示机器或部件性能和规格的尺寸,它是设计和选择机器或部件的主要依据。如图 3-7-2 中泄气阀的圆柱管螺纹 G1/2。

(2)装配尺寸。

表示零件之间装配关系的尺寸,包括配合尺寸和重要的位置尺寸,即两个零件相互配合有公差要求的尺寸,要保证的零件间相对位置的尺寸。

配合尺寸:表示零件之间配合性质的尺寸。如图 3-7-2 中的 ϕ10H7/h6。

相对位置尺寸:在装配时必须保证的相对位置尺寸。如图 3-7-2 中的 58。

(3)安装尺寸。

机器或部件安装到其他基础上时所需要的尺寸。如图 3-7-2 中的安装孔尺寸 Φ12 和定位尺寸 48。

(4)外形尺寸。

机器或部件的总长、总宽、总高。它为包装、运输和安装提供了所需占用的空间大小。如图 3-7-2 中 总长 116,总宽 56,总高 83。

(5)其他重要尺。

在设计过程中计算或选定的尺寸。比如运动件的极限位置尺寸、主要零件的重要尺寸等。

不是每张装配图上都具有上述五类尺寸,有时同一尺寸可能具有几种功能,分属几类尺寸。因此在标注时,必须根据机器或部件的特点来分析和标注。

2. 装配图的技术要求

主要是对机器或部件的性能、装配、安装、调试、检测、使用和维修等的要求,一般用文字写在图样的右方、下方空白处,内容一般从以下三个方面考虑:

(1)装配要求。

指装配过程中的注意事项,装配后应达到的要求,比如精度、密封和润滑要求等。

(2)检验要求。

有关试验、检验的方法和条件方面的要求。

(3)使用要求。

有关机器或部件性能、安装、使用、维护等方面的要求。

(六)装配图中零部件的序号和明细栏

为了便于生产和管理,装配图中所有的零部件都应编写序号,并在标题栏上方画出明细栏,填写零件的名称、材料和数量等内容。

1. 序号的编注方法和编写规定

序号由指引线、小圆点(或箭头)和序号数字所组成,如图3-7-10所示。

(1)指引线应从零部件的可见轮廓线内用细实线引出,端部画一小圆点;对于很薄的零件或涂黑的剖面,可用箭头代替小圆点,箭头指在该零件的轮廓线上,如图3-7-10(b)所示。

(2)序号数字注写在指引线末端的横线上或圆圈内,也可以在指引线附近直接注写,如图3-7-10(a)所示。

(3)指引线不能相交,当通过剖面线区域时,不应与剖面线平行。必要时可转折一次,如图3-7-10(c)所示。

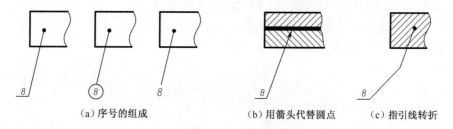

(a)序号的组成　　　　　　(b)用箭头代替圆点　　(c)指引线转折

图3-7-10　零件序号的编写形式

(4)对于一组紧固件以及装配关系清楚的零件组,允许采用公共指引线。

(5)相同的零件只编写一个序号,其数量填写在明细栏中。

(6)序号应按顺时针或逆时针方向顺序编写,沿水平或垂直方向整齐排列成直线。

2. 明细栏及零件序号编写顺序

明细栏是装配图中全部零件的详细目录,其格式如图3-7-11所示。一般由序号、代号、名称、数量、材料、重量、备注等组成,也可按实际需要增加或减少。

明细栏置于标题栏的上方,并与标题栏相连。序号自下而上按顺序填写,若位置受限制,可移一部分紧接标题栏左侧继续填写。明细栏内的序号应与该零件在装配图中的序号一致,如图3-7-11所示。

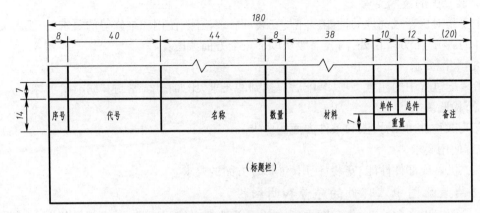

图 3-7-11   明细栏的格式与尺寸

(七)装配图识读的基本要求

读装配图的基本要求是:

(1)了解部件的工作原理和使用性能。

(2)弄清各零件在部件中的功能、零件间的装配关系和连接方式。

(3)读懂部件中主要零件的结构形状。

(4)了解装配图中标注的尺寸以及技术要求。

任务实施要求

完成任务书指定任务,任务实施要求如下:

(1)教师统一讲解任务内容,演示并指导任务实施过程。

(2)学生根据任务表具体要求完成任务。

(3)教师归纳、总结任务完成情况。

(4)学生分享完成任务的心得体会。

第四部分　机械零部件测绘

机械零部件测绘是对现有的机器或部件进行实物拆卸测量,选择合适的表达方案,绘出全部非标准零件的草图及装配图。根据装配草图和实际装配关系,对所测得的数据进行圆整处理,确定零件的材料和技术要求,最后根据草图绘制出零件工作图和装配图的过程如图 4-1-1 所示,如图 4-1-1 所示。

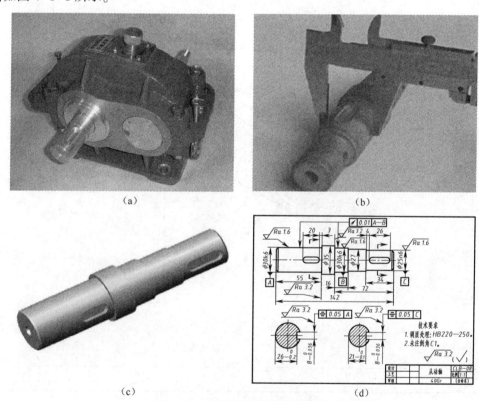

(a)　　　　　　　　　　　　　(b)

(c)　　　　　　　　　　　　　(d)

图 4-1-1　机械零部件测绘过程

项目 4-1　零部件测绘基础

任务　零部件测绘

任务	零部件测绘基础
目的	1. 熟悉测绘的步骤与注意事项 2. 掌握测绘零件草图的要求

续表

任务	零部件测绘基础
要求	完成图示零件草图绘制。 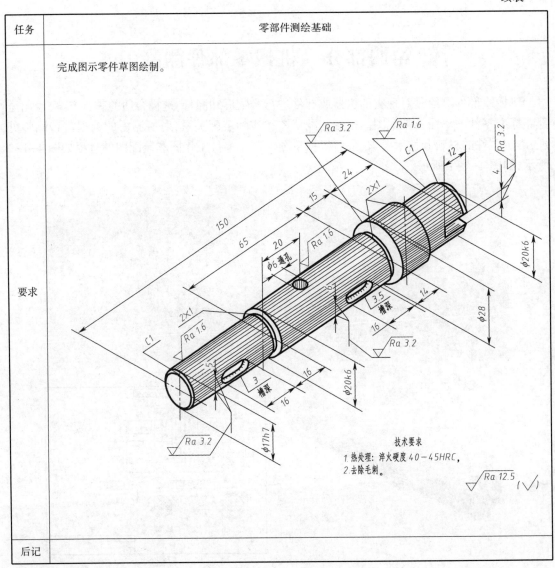
后记	

📎知识点

- 测绘的步骤与注意事项。
- 测绘零件草图的要求。

📎技能点

- 掌握不同测绘工具的使用。
- 能独立完成零件草图的绘制。

📎任务分析

在生产中,零件图的绘制一般有两种情况:一是按设计或客户要求绘制零件图;二是由实物测量来绘制零件图,即零件测绘。零件测绘是根据已有零件画出零件图的过程,其过程包括绘制零件草图、测量出零件的尺寸和确定技术要求,然后绘制零件工作图。零件测绘对仿制、改造设备,推广先进技术,交流都有重要作用,是工程技术人员必须掌握的技能。

📖知识准备

（一）零件测绘的一般步骤

1. 测绘前的准备工作

（1）准备好图纸,及画底线和描粗用的铅笔、橡皮、小刀以及所需的测量工具。

（2）收集产品说明书、样本等资料,弄清楚零件的名称、用途,以及它在机器或部件中的装配关系和运转关系。

（3）对零件进行形体分析和结构分析。

（4）确定或鉴别零件的材料,并对零件进行工艺分析,研究其制造方法和要求。

2. 确定零件的表达方案

根据零件的类型和结构,确定主视图。

根据主视图的表达情况,确定所需视图的数量,并定出各视图的表达方法。

视图的数量,以能充分表达零件形状为原则的前提下,愈少愈好。

3. 画零件草图

（1）根据零件的总体尺寸和大致比例,确定图幅。（可由指导老师指定图幅和比例）

（2）绘制边框线和标题栏（绘制齿轮还应画出参数表）。

（3）绘制轴线或中心线进行图面布置,应考虑各视图之间留有足够的位置标注尺寸和相关技术要求。

（4）目测绘图（要求比例大致准确并且图形协调）。应先画零件的主要轮廓,再画出剖视、剖面和细节部分（如圆角、小孔、退刀槽等）,并应注意各图之间的投影关系。

（5）仔细检查,加深图线,绘制剖面线。

（6）确定尺寸基准,画出所有尺寸界线、尺寸线和箭头。

4. 测量并标注尺寸

（1）测量尺寸,协调联系尺寸和相关尺寸。

（2）查阅相关标准,校对标准结构要素（倒角、斜度、锥度、退刀槽、螺纹等）的尺寸。

（3）在尺寸线上填写量得尺寸数值。

5. 书写或标注必要的技术要求

根据零件各部分要素的配合关系、联系关系,及工艺分析结果,制定合适的技术要求,并以规定符号标注出来或以文字形式书写出来。

6. 填写标题栏

在标题栏中填写清楚零件的名称、材料、数量、图号,及作图者的姓名、单位等。

7. 根据草图绘制零件工作图

（二）对测绘零件草图的一般要求

1. 测量方面的要求

（1）要充分利用和正确使用现有的测量工具和条件。

（2）测量尺寸应安排在画出主要图形（按目测尺寸绘制）之后集中进行，切不可边画边测边注。

（3）要注意测量顺序，先测量各部分的定形尺寸，后测量定位尺寸。

（4）测量时应考虑零件各部位的精度要求，将粗精尺寸分开测量。

（5）对于某些不便直接测量的尺寸（如锥度、斜度等），应利用几何原理等方法进行测量和计算。

2. 制图方面的要求

（1）应正确选择零件的视图，力求表达方案简捷、清晰、完整（以最少的视图将零件的结构形状表达的最清晰）。

（2）零件草图应具有零件工作图的全部内容，包括一组视图、完整的尺寸标注、必要的技术要求、标题栏。

（3）草图不可理解为"潦草之图"，应作到图形正确、目测比例匀称、表达清晰、线型分明、工整美观。作图用工具或是徒手，由指导老师定。

（4）对于已有标准规定的工艺结构（如中心孔、砂轮越程槽等），绘图应符合相关规定。

3. 数据处理和标注方面的要求

（1）零、部件的直径、长度、锥度、倒角等主要规格、结构尺寸，都有标准规定，实测后，应选用最接近的标准数值。

（2）根据零件的结构形状，确定它与其他零件之间的联系和工艺要求，正确选择尺寸基准。

（3）尺寸标注应正确、完整、清晰，并力求合理。

（4）根据零件的使用和装配关系，正确选择配合种类、精度等级及表面粗糙度，并要求各技术要求匹配合理。

（5）表面粗糙度、尺寸公差、形位公差等技术要求的标注方法应符合相关标准的规定。

4. 选材方面的要求

应根据零件的使用和结构，合理选择材料牌号。

5. 技术条件方面的要求

（1）根据零件的材料、加工、使用、检验等方面，合理制定出技术要求。

（2）对于比较重要的零件，应在技术要求中注明未注尺寸公差精度等级、未注形位公差精度等级。

（3）对于较重要的铸、锻件，应注明执行的通用技术条件标准代号。

（4）材料热处理要求应合理，标注出的热处理名称、硬度等应符合相关技术标准规定。

（三）画零件草图的注意事项及技巧

1. 绘制零件草图的注意事项

（1）不要把零件上的缺陷画在测绘的草图上，例如铸件上的收缩、砂眼、毛刺等，以及加工错误的地方，或者碰伤或磨损的地方。

（2）测绘装配体的零件时，在未拆装配体以前，先要弄清它的名称、用途、构造等，并考虑装配体各个零件的拆卸方法、拆卸顺序以及所用的工具。

（3）拆卸时，为防止丢失零件和便于安装起见，所拆卸零件应分别编上号码，尽可能把有关零件装在一起，放在固定位置。

（4）测绘较复杂的装配零件之前，应根据装配体画出一个装配示意图。

（5）对于两个零件相互接触的表面，所标注的表面粗糙度要求应该匹配。

（6）测量加工面的尺寸，应使用较精密的量具。

（7）所有标准件，只需量出必要的尺寸并注出规格，不必画零件草图。

2. 草图的绘制技巧

测绘图形通常绘制在具有格线的计算纸上，在绘图时，应尽可能的利用格子线，这样不但画图速度快而且效果好。画零件图形不外乎都是点、直线、圆和曲线组成，因此要掌握好它们的绘制方法。

（1）画直线：直线要画的平直，绘制时尽量沿格子线进行。画短线时摆动手腕，画长线时摆动前肘。当要在两点之间画线时，眼睛应看着终点，线条应尽可能的画长一些，不要来回描。为了绘图方便，可以将图纸适当移动或旋转。

（2）画圆：画圆时应先画出中心线，以确定中心位置，然后在距离圆心为半径长度处，绘出四点或八点，最后用光滑的圆弧连接成圆；画圆时允许转动图纸。

（3）画曲线：先定出曲线上若干点的坐标，再光滑连接。

（四）常用测量工具和方法

1. 测量直线尺寸

一般用直尺、游标卡尺或深度尺直接测量，必要时可借助直角尺或三角板配合进行测量，如图 4-1-2 所示。

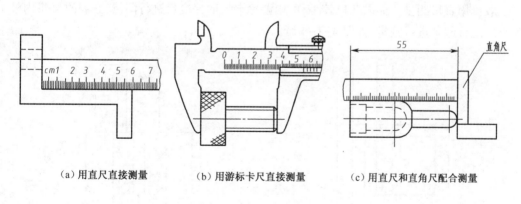

（a）用直尺直接测量　　　　（b）用游标卡尺直接测量　　　　（c）用直尺和直角尺配合测量

图 4-1-2　测量直线尺寸

2. 测量内外直径尺寸

通常用内外卡钳和直尺进行测量，或用游标卡尺直接测量，必要时也可使用内、外径千分尺测量。测量时应使两测量点的连线与回转面的轴线垂直相交，以保证测量精度，如图 4-1-3 所示。

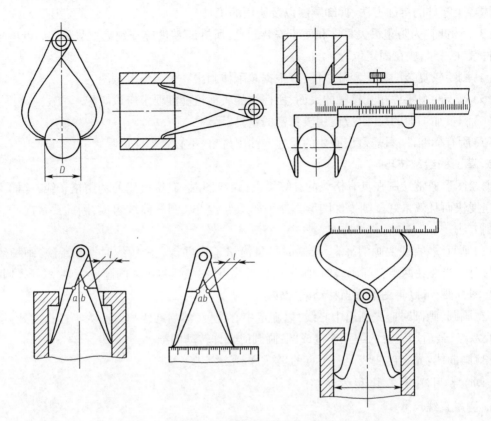

图 4-1-3　测量回转体的内、外径

3. 测量壁厚

一般可用直尺测量。如果孔口较小,可用游标卡尺的深度尺进行测量,必要时可将内外卡钳与直尺配合起来进行测量,如图 4-1-4 所示。

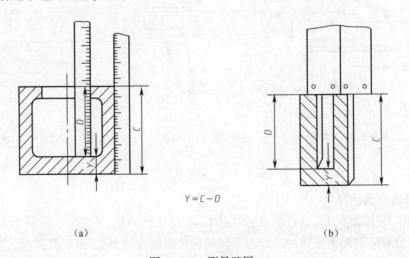

$$Y = C - D$$

（a）　　　　　　　　　　　　　　　　（b）

图 4-1-4　测量壁厚

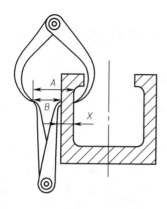
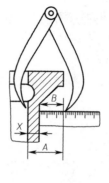

$$X = A - B$$

（c）

图 4-1-4　测量壁厚（续）

4. 测量孔间距

可利用卡钳、直尺或游标卡尺进行测量,如图 4-1-5 所示。

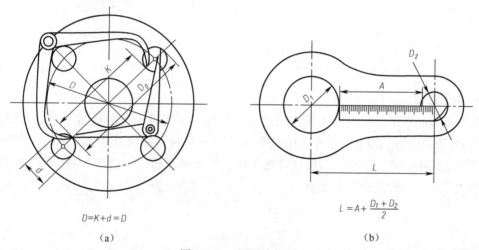

$$D = K + d = D$$

（a）

$$L = A + \frac{D_1 + D_2}{2}$$

（b）

图 4-1-5　测量孔间距

5. 测量中心高

一般用直尺和卡钳或游标卡尺进行测量,如图 4-1-6 所示。

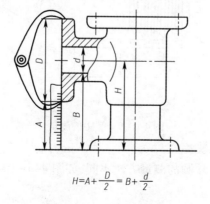

$$H = A + \frac{D}{2} = B + \frac{d}{2}$$

图 4-1-6　测量中心高

6. 测量圆角

可用圆角规进行测量。测量时逐个实验，从中找到与被测部位完全吻合的一片，读出该片上的半径值，如图4-1-7所示。

7. 测量角度

可用量角器或游标量角器进行测量，如图4-1-8所示。

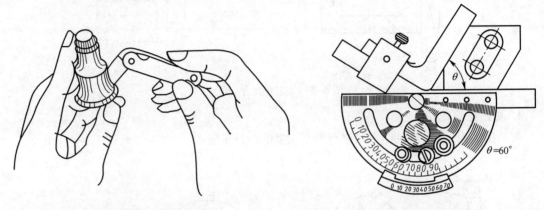

图4-1-7　测量圆角　　　　　　　　　　　图4-1-8　测量角度

8. 测量螺纹

如图4-1-9所示，首先目测螺纹的线数和旋向。其次目测出螺纹的牙型，再用螺纹规（60°、55°）进行测量。测量时逐片进行实验，从中找到与被测螺纹完全相吻合的一片，由此判定该螺纹的螺距。然后用游标卡尺直接测出螺纹的大径和长度。最后查对标准（核对牙型、螺距和大径），确定螺纹的五大要素。

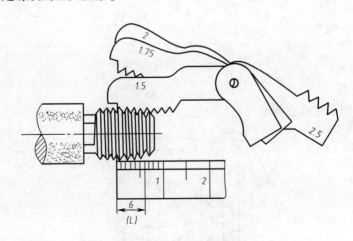

图4-1-9　螺距的测量

9. 测量齿轮齿顶圆及齿厚

齿数为奇数和偶数时，齿顶圆的测量方法不同，如图4-1-10所示。测量齿厚可用齿厚游标卡尺。

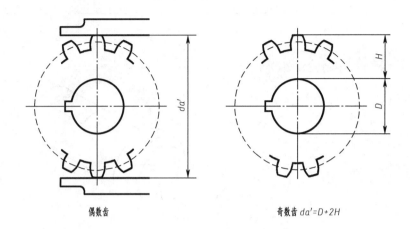

偶数齿　　　　　　　　　　奇数齿 $da'=D+2H$

图 4-1-10　测量齿顶圆

　　另外,在测绘零件时应勤于动脑,充分利用现有的工具和条件,并结合所有可以利用的所学知识进行测量和计算。

任务实施要求

　　完成任务书指定任务,任务实施要求如下:

　　(1)教师统一讲解任务内容,演示并指导任务实施过程。

　　(2)学生根据任务表具体要求完成任务。

　　(3)教师归纳、总结任务完成情况。

　　(4)学生分享完成任务的心得体会。

项目 4-2　典型机械零部件测绘

 任务　轴套类零件测绘

任务	轴类零件测绘
目的	1. 熟悉轴类零件测绘步骤 2. 掌握轴类零件测绘注意事项

续表

任务	轴类零件测绘
要求	• 简述图示零件的测绘步骤,并根据对应零件图,徒手绘制草图 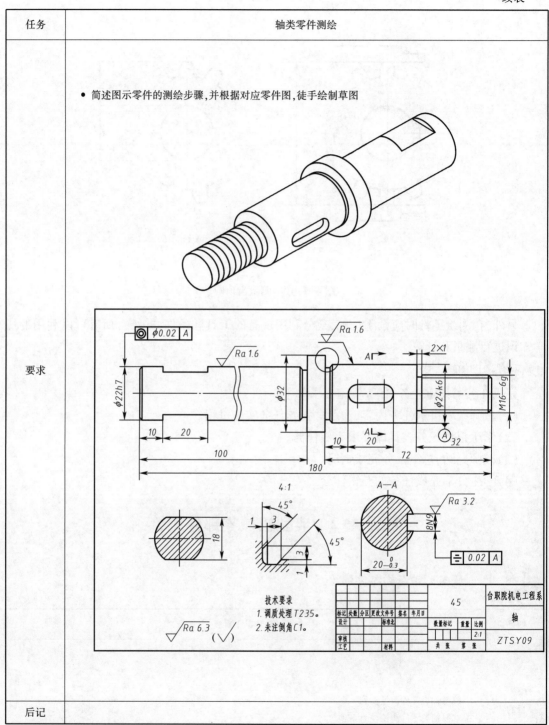
后记	

知识点

• 轴套类零件测绘步骤。

- 轴套类零件测绘注意事项。

技能点
- 能正确绘制轴套类零件草图。

任务分析
根据立体图和标准零件图,练习如何绘制零件草图。

知识准备

(一)轴套类零件的功用与结构

轴套类零件是机器、部件的重要零件之一,轴类主要功用是支承传动零件(如齿轮、皮带轮等)和传递动力。轴类零件是旋转零件,一般由外圆柱面、圆锥面、内孔、螺纹及相应的端面所组成。轴上常见结构还有键槽、倒角、退刀槽、砂轮越程槽、孔、花键、切槽、切平等。根据功用和结构形状,轴有光轴、螺纹轴、空心轴、阶梯轴、曲轴、齿轮轴、花键轴等多种形式。

(二)轴类零件的视图选择

轴套类零件一般都在车床和磨床上加工,其主视图应根据加工位置原则和形状特征原则选择。通常只画一个非圆的主要视图(一般为视图,必要时可采用局部剖),轴线水平,大头朝左,其上孔、槽等结构朝前或朝上放置。轴上的孔、槽等结构多采用移出断面图或局部剖视图表达,退刀槽、圆角等细小结构则用局部放大图表达。

当轴较长时,可采用折断画法,如图 4-2-1 所示。

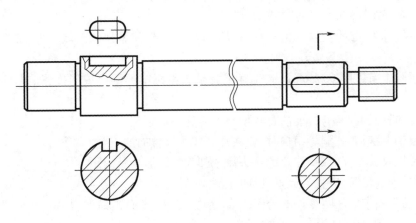

图 4-2-1　轴的表达方法

(三)轴套类零件的材料和技术要求

1. 轴套类零件的材料

(1)通常轴套类零件多采用 35、45、50 优质碳素结构钢,其中 45 钢应用最广泛,一般进行调质处理使硬度达到 230~260HBS;

(2)不太重要或受力较小的轴可用 Q255、Q275 等碳素结构钢;

(3)受力较大、强度要求高的轴可用 40Cr 钢,调质处理硬度达到 230~240HBS 或淬硬到 35~42HRC;

（4）高速、重载条件下的轴，选用 20Cr、20CrMnTi、20Mn2B 等合金结构钢，经渗碳淬火或渗氮处理，获得高表面硬度及较大的心部强度。

2. 轴类零件的技术要求

（1）尺寸精度：主要轴颈支承轴段（支承轴段或有装配关系的轴段）直径尺寸精度为 IT6～IT9 级，精密轴段可选 IT5 级。

（2）几何精度：由于两个支承轴颈是轴的装配基准，通常对两支承轴颈有圆度、圆柱度等要求。

（3）相互位置精度：对两支承轴颈的同轴度要求是基本要求，另外还常有其它配合轴颈对两支承轴颈的同轴度要求，以及轴向定位端面一轴线的垂直度要求。为了测量方便，也常用圆跳动表示。

（4）表面粗糙度：一般情况下，支承轴颈的表面粗糙度为 $Ra0.4\sim1.6\mu m$，配合轴颈的表面粗糙度为 $Ra1.6\sim3.2\mu m$，接触表面的表面粗糙度为 $Ra3.2\sim6.3\mu m$。

（四）轴套类零件测绘时的注意事项

（1）在测绘之前应先弄清楚被测轴、套在机器当中的部位，了解该轴、套的用途及作用，各部分的精度要求及相配合零件的作用和工作状态。

（2）必须了解该轴、套在机器中安装位置所构成的尺寸链。

（3）测量零件的尺寸时，要正确选择基准面。基准面一旦确定后，所有要确定的结构尺寸均应以此为基准进行测量，尽可能避免尺寸的换算。

（4）测量磨损的零件时，应对其磨损的原因加以分析，并尽可能选择在未磨损或磨损较少的部位测量，而且在标注时应将其补充完整。

（5）测量轴的外径时，要选择适当的部位进行，以便判断零件的形状误差，尤其要注意转动部位。

（6）测量轴上有锥度或斜度时，应先确定其是否是标准的锥度或斜度，如果不是标准的，要仔细测量。

（7）测量曲轴及偏心轴时，要注意其偏心方向和偏心距离。

（8）测量轴上键槽、孔洞等结构时，要注意其在圆周方向的位置。

（9）测量螺纹及丝杠时，要注意螺纹头数、旋向、螺纹形状及螺距。

（10）测量细长轴时，应妥当放置，以防止测绘时发生变形。

（11）测绘草图中应注明零件的公差配合、形位公差、表面粗糙度、材料、热处理及表面处理等技术要求，以达到可以指导生产的目的。

（五）轴套类零件测绘举例

下面以低速轴（见图 4-2-2）为例介绍轴套类零件的测绘步骤：

（1）认识、分析零件，弄清轴的用途作用、装配关系、结构特征，确定表达方案。

（2）绘制边框线、标题栏，进行图面布置。略。

（3）按照轴线水平、左大右小的原则，绘制主视图的主要轮廓，如图 4-2-3 所示。

（4）绘制轴上倒角、退刀槽、键槽等细节部分，如图 4-2-4。

（5）针对键槽和铣平结构，绘制移出断面图，并绘制砂轮越程槽的局部放大图，如图 4-1-5所示。

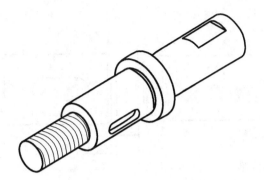

图 4-2-2 低速轴轴测图

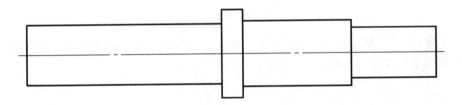

图 4-2-3 画低速轴主要轮廓线

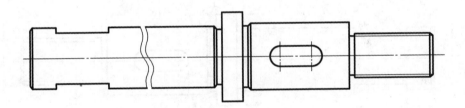

图 4-2-4 画低速轴的细部结构

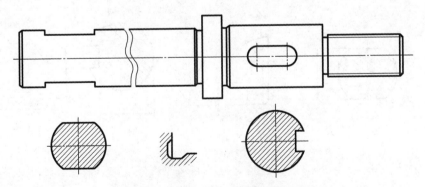

图 4-2-5 画移出断面图及局部放大图

(6)测量并标注轴径及长度尺寸,如图 4-2-6 所示。

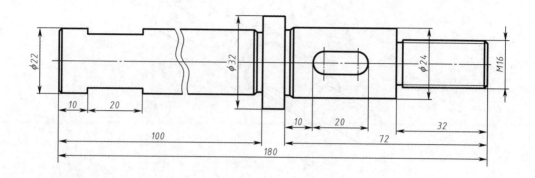

图 4-2-6　标注轴颈尺寸及长度尺寸

（7）根据装配关系确定尺寸公差、形位公差及表面粗糙度，并查阅标准，按要求格式标注砂轮越程槽和键槽尺寸，如图 4-2-7 所示。

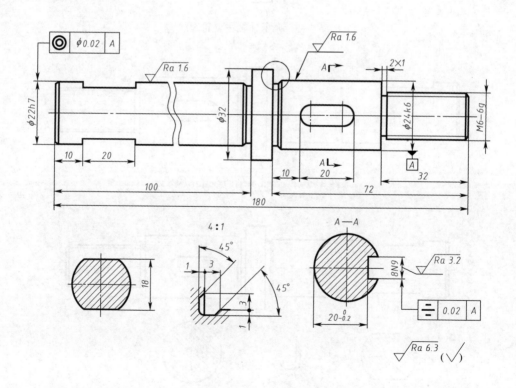

图 4-2-7　标注低速轴的完整尺寸

（8）书写技术要求，填写标题栏，如图 4-2-8 所示。

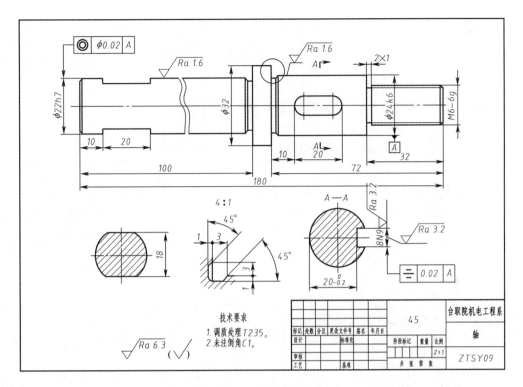

图4-2-8 低速轴零件图

任务实施要求

完成任务书指定任务,任务实施要求如下:

(1)教师统一讲解任务内容,演示并指导任务实施过程。

(2)学生根据任务表具体要求完成任务。

(3)教师归纳、总结任务完成情况。

(4)学生分享完成任务的心得体会。

附　录

附录A　螺　纹

表 A-1　普通螺纹基本尺寸（GB/T 196—2003 摘录）　　　　　　　mm

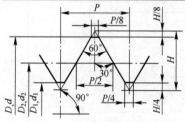

$H = 0.866P$
$d_2 = d - 0.6495P$
$d_1 = d - 1.0825P$
D, d——内、外螺纹大径
D_2, d_2——内、外螺纹中径
D_1, d_1——内、外螺纹小径
P——螺距

标记示例：
M20—6H（公称直径 20 粗牙右旋内螺纹，中径和大径的公差带均为 6H）
M20—6g（公称直径 20 粗牙右旋外螺纹，中径和大径的公差带均为 6g）
M20—6H/6g（上述规格的螺纹副）
M20×2 左-5g6g-S（公称直径 20，螺距 2 的细牙左旋外螺纹，中径，大径的公差带分别为 5g、6g，短旋合长度）

公称直径 D,d 第一系列	第二系列	螺距 P	中径 D_2,d_2	小径 D_1,d_1
3		0.5	2.675	2.459
		0.35	2.773	2.621
	3.5	(0.6)	3.110	2.850
		0.35	3.273	3.121
4		0.7	3.545	3.242
		0.5	3.675	3.459
	4.5	(0.75)	4.013	3.688
		0.5	4.175	3.959
5		0.8	4.480	4.134
		0.5	4.675	4.459
6		1	5.350	4.917
		0.75	5.513	5.188
8		1.25	7.188	6.647
		1	7.350	6.917
		0.75	7.513	7.188
10		1.5	9.026	8.376
		1.25	9.188	8.674
		1	9.350	8.917
		0.75	9.513	9.188
12		1.75	10.863	10.106
		1.5	11.026	10.376
		1.25	11.188	10.647
		1	11.350	10.917
	14	2	12.701	11.835
		1.5	13.026	12.376
		1	13.350	12.917
16		2	14.701	13.835
		1.5	15.026	14.376
		1	15.350	14.917
	18	2.5	16.376	15.294
		2	16.701	15.835

公称直径 D,d 第一系列	第二系列	螺距 P	中径 D_2,d_2	小径 D_1,d_1
	18	1.5	17.026	16.376
		1	17.350	16.917
20		2.5	18.376	17.294
		2	18.701	17.835
		1.5	19.026	18.376
		1	19.350	18.917
	22	2.5	20.376	19.294
		2	20.701	19.835
		1.5	21.026	20.376
		1	21.350	20.917
24		3	22.051	20.752
		2	22.701	21.835
		1.5	23.026	22.376
		1	23.350	22.917
27		3	25.051	23.752
		2	25.701	24.835
		1.5	26.026	25.376
		1	26.350	25.917
30		3.5	27.727	26.211
		2	28.701	27.835
		1.5	29.026	28.376
		1	29.350	28.917
33		3.5	30.727	29.211
		2	31.707	30.835
		1.5	32.026	31.376
36		4	33.402	31.670
		3	34.051	32.752
		2	34.701	33.835
		1.5	35.026	34.376
39		4	36.402	34.670
		3	37.051	35.752

公称直径 D,d 第一系列	第二系列	螺距 P	中径 D_2,d_2	小径 D_1,d_1
39		2	37.701	36.835
		1.5	38.026	37.376
42		4.5	39.077	37.129
		3	40.051	38.752
		2	40.701	39.835
		1.5	41.026	40.376
	45	4.5	42.077	40.129
		3	43.051	41.752
		2	43.701	42.853
		1.5	44.026	43.376
48		5	44.752	42.587
		3	46.051	44.752
		2	46.701	45.835
		1.5	47.026	46.376
52		5	48.752	46.587
		3	50.051	48.752
		2	50.701	49.835
		1.5	51.026	50.376
56		5.5	52.428	50.046
		4	53.402	51.670
		3	54.051	52.752
		2	54.701	53.835
		1.5	55.026	54.376
	60	(5.5)	56.428	54.046
		4	57.402	55.670
		3	58.051	56.752
		2	58.701	57.835
		1.5	59.026	58.376
64		6	60.103	57.505
		4	61.402	59.670
		3	62.051	60.752

注：1. "螺距 P"栏中第一个数值（黑体字）为粗牙螺距，其余为细牙螺距。
　　2. 优先选用第一系列，其次是第二系列，第三系列（表中未列出）尽可能不用。
　　3. 括号内尺寸尽可能不用。

表 A-2　梯形螺纹设计牙型尺寸（GB/T 5796.1—2005 摘录）　　　　　mm

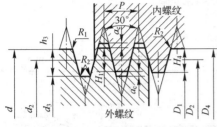

标记示例：
Tr40×7-7H（梯形内螺纹，公称直径 $d=40$ mm，螺距 $P=7$ mm，精度等级 7H）
Tr40×14($P7$)LH—7e（多线左旋梯形外螺纹，公称直径 $d=40$ mm，导程 $=14$ mm，螺距 $P=7$ mm，精度等级 7e）
Tr40×7—7H/7e（梯形螺旋副，公称直径 $d=40$ mm，螺距 $P=7$ mm，内螺纹精度等级 7H，外螺纹精度等级 7e）

螺距 P	a_c	$H_4=h_3$	R_{1max}	R_{2max}	螺距 P	a_c	$H_4=h_3$	R_{1max}	R_{2max}	螺距 P	a_c	$H_4=h_3$	R_{1max}	R_{2max}
1.5	0.15	0.9	0.075	0.15	9		5			24		13		
2		1.25			10	0.5	5.5	0.25	0.5	28		15		
3	0.25	1.75	0.125	0.25	12		6.5			32		17		
4		2.25			14		8			36	1	19	0.5	1
5		2.75			16		9			40		21		
6		3.5			18	1	10	0.5	1	44		23		
7	0.5	4	0.25	0.5	20		11							
8		4.5			22		12							

表 A-3　梯形螺纹直径与螺距系列（GB/T 5796.2—2005 摘录）　　　　　mm

公称直径 d 第一系列	第二系列	螺距 P	公称直径 d 第一系列	第二系列	螺距 P	公称直径 d 第一系列	第二系列	螺距 P	公称直径 d 第一系列	第二系列	螺距 P
8		1.5	28	26	8,5,3	52	50	12,8,3		110	20,12,4
10	9	2,1.5		30	10,6,3		55	14,9,3	120	130	22,14,6
	11	3,2	32		10,6,3	60		14,9,3	140		24,14,6
12		3,2	36	34		70	65	16,10,4		150	24,16,6
16	14	3,2		38	10,7,3	80	75	16,10,4	160		28,16,6
	18	4,2	40	42			85	18,12,4		170	28,16,6
20		4,2	44		12,7,3	90		18,12,4	180		28,18,8
24	22	8,5,3	48	46	12,8,3	100	95	20,12,4		190	32,18,8

注：优先选用第一系列的直径，黑体字为对应直径优先选用的螺距。

表 A-4　梯形螺纹基本尺寸（GB/T 5796.3—2005 摘录）　　　　　mm

螺距 P	外螺纹小径 d_3	内、外螺纹中径 D_2、d_2	内螺纹大径 D_4	内螺纹小径 D_1	螺距 P	外螺纹小径 d_3	内、外螺纹中径 D_2、d_2	内螺纹大径 D_4	内螺纹小径 D_1
1.5	$d-1.8$	$d-0.75$	$d+0.3$	$d-1.5$	8	$d-9$	$d-4$	$d+1$	$d-8$
2	$d-2.5$	$d-1$	$d+0.5$	$d-2$	9	$d-10$	$d-4.5$	$d+1$	$d-9$
3	$d-3.5$	$d-1.5$	$d+0.5$	$d-3$	10	$d-11$	$d-5$	$d+1$	$d-10$
4	$d-4.5$	$d-2$	$d+0.5$	$d-4$	12	$d-13$	$d-6$	$d+1$	$d-12$
5	$d-5.5$	$d-2.5$	$d+0.5$	$d-5$	14	$d-16$	$d-7$	$d+2$	$d-14$
6	$d-7$	$d-3$	$d+1$	$d-6$	16	$d-18$	$d-8$	$d+2$	$d-16$
7	$d-8$	$d-3.5$	$d+1$	$d-7$	18	$d-20$	$d-9$	$d+2$	$d-18$

注：1. d—公称直径（即外螺纹大径）。
　　2. 表中所列数值的计算公式：$d_3=d-2h_3$；D_2、$d_2=d-0.5P$；$D_4=d+2a_c$；$D_1=d-P$。

附录 B　螺栓、螺柱、螺钉

表 B-1　六角螺栓—**A** 和 **B**（GB/T 5782—2000 摘录）
　　　　　六角头螺栓—全螺纹—**A** 和 **B**（GB/T 5783—2000 摘录）　　　　　　　　　　mm

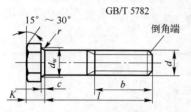 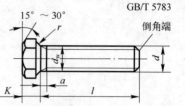

GB/T 5782　　　　　　　　　　　　　　　　　GB/T 5783

标记示例：
　螺纹规格 d = M12，公称长度 l = 80 mm，性能等级为 8.8 级，表面氧化，A 级的六角头螺栓
　　　　　　螺栓　GB/T 5782 M12×80

标记示例：
　螺纹规格 d = M12，公称长度 l = 80 mm，性能等级为 8.8 级，表面氧化，全螺纹，A 级的六角头螺栓
　　　　　　螺栓　GB/T 5783 M12×80

螺纹规格 d			M3	M4	M5	M6	M8	M10	M12	M(14)	M16	M(18)	M20	M(22)	M24	M(27)	M30	M36
b 参考	$l \leq 125$		12	14	16	18	22	26	30	34	38	42	46	50	54	60	66	78
	$125 < l \leq 200$		—	—	—	—	28	32	36	40	44	48	52	56	60	66	72	84
	$l > 200$		—	—	—	—	—	—	—	53	57	61	65	69	73	79	85	97
a	max		1.5	2.1	2.4	3	3.75	4.5	5.25	6	6	7.5	7.5	7.5	9	9	10.5	12
c	max		0.4	0.4	0.5	0.5	0.6	0.6	0.6	0.6	0.8	0.8	0.8	0.8	0.8	0.8	0.8	0.8
d_w	min	A	4.57	5.88	6.88	8.88	11.63	14.63	16.63	19.64	22.43	25.34	28.19	37.71	33.61	—	—	—
		B	4.45	5.74	6.74	8.74	11.47	14.47	16.47	19.15	22	24.85	27.7	31.35	33.23	38	42.75	51.11
e	min	A	6.01	7.66	8.79	11.05	14.38	17.77	20.03	23.35	26.75	30.14	33.53	37.72	39.98	—	—	—
		B	5.88	7.50	8.63	10.89	14.20	17.59	19.85	22.78	26.17	29.56	32.95	37.29	39.55	45.2	50.85	60.79
K	公称		2	2.8	3.5	4	5.3	6.4	7.5	8.8	10	11.5	12.5	14	15	17	18.7	22.5
r	min		0.1	0.2	0.2	0.25	0.4	0.4	0.6	0.6	0.6	0.6	0.8	1	0.8	1	1	1
s	公称		5.5	7	8	10	13	16	18	21	24	27	30	34	36	41	46	55
l 范围			20~30	25~40	25~50	30~60	35~80	40~100	45~120	60~140	55~160	60~180	65~200	70~220	80~240	90~260	90~300	110~360
l 范围（全螺纹）			6~30	8~40	10~50	12~60	16~80	20~100	25~120	30~140	30~150	35~180	40~150	45~200	50~150	55~200	60~200	70~300
l 系列			6, 8, 10, 12, 16, 20~70（5 进位），80~160（10 进位），180~360（20 进位）															

技术条件	材料	力学性能等级	螺纹公差	公差产品等级	表面处理
	钢	5.6，8.8，9.8，10.9	6g	A 级用于 $d \leq 24$ 和 $l \leq 10d$ 或 $l \leq 150$ B 级用于 $d > 24$ 和 $l > 10d$ 或 $l > 150$	氧化或镀锌钝化
	不锈钢	A2~70，A4~70			
	有色金属	Cu2，Cu3，Al4			

注：1. A、B 为产品等级。C 级产品螺纹公差为 8g，规格为 M5 ~ M64，性能等级为 3.6、4.6 和 4.8 级，详见 GB/T 5780—2000，GB/T 5781—2000。
　　2. 括号内为第二系列螺纹直径规格，尽量不采用。

表 B-2　内六角圆柱头螺钉-A 和 B（GB/T 70.1—2000 摘录）　　mm

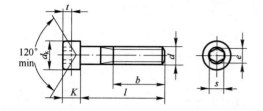

标记示例：
　　螺纹规格 d=M8，公称长度 l=20 mm，性能等级为 8.8 级，表面氧化的内六角圆柱螺钉
　　　　螺栓　GB/T 70.1　M8×20

螺纹规格 d	M5	M6	M8	M10	M12	M16	M20	M24	M30	M36
b(参考)	22	24	28	32	36	44	52	60	72	84
d_k(max)	8.5	10	13	16	18	24	30	36	45	54
e(min)	4.58	5.72	6.86	9.15	11.43	16	19.44	21.73	25.15	30.85
K(max)	5	6	8	10	12	16	20	24	30	36
s(公称)	4	5	6	8	10	14	17	19	22	27
t(min)	2.5	3	4	5	6	8	10	12	15.5	19
l 范围（公称）	8~50	10~60	12~80	16~100	20~120	25~160	30~200	40~200	45~200	55~200
制成全螺纹时 l≤	25	30	35	40	45	55	65	80	90	110
l 系列（公称）	8, 10, 12, 16, 20~65（5 进位），70~160（10 进位），180，200									

表 B-3　双头螺柱 b_m=1d（GB/T 897—1988 摘录）、b_m=1.25d（GB/T 898—1988 摘录）、
　　　　　　 b_m=1.5d（GB/T 898—1988 摘录）　　mm

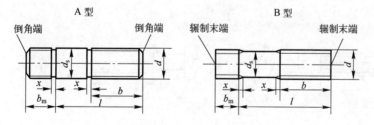

x≤1.5P，P 为粗牙螺纹螺距，d≈螺纹中径（B 型）

标记示例：
　　两端均为粗牙普通螺纹，d=10 mm，l=50 mm，性能等级为 4.8 级，不经表面处理，B 型 b_m=1.25d 的双头螺柱
　　　　螺柱　GB/T 898　M10×50
　　旋入机体一端为粗牙普通螺纹，旋螺母一端为螺距 P=1 mm 的细牙普通螺纹，d=10 mm，l=50 mm，性能等级为 4.8 级，不经表面处理，A 型，b_m=1.25d 的双头螺柱
　　　　螺柱　GB/T 898　AM10-M10×1×50
　　旋入机体一端为过渡配合螺纹的第一种配合，旋螺母一端为粗牙普通螺纹，d=10 mm，l=50 mm，性能等级为 8.8 级，镀锌钝化，B 型，b_m=1.25d 的双头螺柱
　　　　螺柱　GB/T 898　GM10-M10×50-8.8-Zn·D

续表

螺纹规格 d		5	6	8	10	12	(14)	16	(18)	20	24	30
b_m （公称）	GB897	5	6	8	10	12	14	16	18	20	24	30
	GB898	6	8	10	12	15	18	20	22	25	30	38
	GB899	8	10	12	15	18	21	24	27	30	36	45
d_s	max						$=d$					
	min	4.7	5.7	7.64	9.64	11.57	13.57	15.57	17.57	19.48	23.48	29.48
$\dfrac{l（公称）}{b}$		$\dfrac{16\sim22}{10}$	$\dfrac{20\sim22}{10}$	$\dfrac{20\sim22}{12}$	$\dfrac{25\sim28}{14}$	$\dfrac{25\sim30}{16}$	$\dfrac{30\sim35}{18}$	$\dfrac{30\sim38}{20}$	$\dfrac{35\sim40}{22}$	$\dfrac{35\sim40}{25}$	$\dfrac{45\sim50}{30}$	$\dfrac{60\sim65}{40}$
		$\dfrac{25\sim50}{16}$	$\dfrac{25\sim30}{14}$	$\dfrac{25\sim30}{16}$	$\dfrac{30\sim38}{16}$	$\dfrac{32\sim40}{20}$	$\dfrac{38\sim45}{25}$	$\dfrac{40\sim55}{30}$	$\dfrac{45\sim60}{35}$	$\dfrac{45\sim65}{35}$	$\dfrac{55\sim75}{45}$	$\dfrac{70\sim90}{50}$
			$\dfrac{32\sim75}{18}$	$\dfrac{32\sim90}{22}$	$\dfrac{40\sim120}{26}$	$\dfrac{45\sim120}{30}$	$\dfrac{50\sim120}{34}$	$\dfrac{60\sim120}{38}$	$\dfrac{65\sim120}{42}$	$\dfrac{70\sim120}{46}$	$\dfrac{80\sim120}{54}$	$\dfrac{90\sim120}{66}$
					$\dfrac{130}{32}$	$\dfrac{130\sim180}{36}$	$\dfrac{130\sim180}{40}$	$\dfrac{130\sim200}{44}$	$\dfrac{130\sim200}{48}$	$\dfrac{130\sim200}{52}$	$\dfrac{130\sim200}{60}$	$\dfrac{130\sim200}{72}$
												$\dfrac{210\sim250}{85}$
范围		$16\sim50$	$20\sim75$	$20\sim90$	$25\sim130$	$25\sim180$	$30\sim180$	$30\sim200$	$35\sim200$	$35\sim200$	$45\sim200$	$60\sim250$
l 系列		16,（18），20,（22），25,（28），30,（32），35,（38），40～100（5 进位），110～260（10 进位），280, 300										

注：1. 括号内的尺寸尽可能不用。

　　2. GB898 $d=5\sim20$ mm 为商品规格，其余均为通用规格。

表 B-4 十字槽盘头螺钉（GB/T 818—2000 摘录）、十字槽沉头螺钉（GB/T 819.1—2000 摘录）

mm

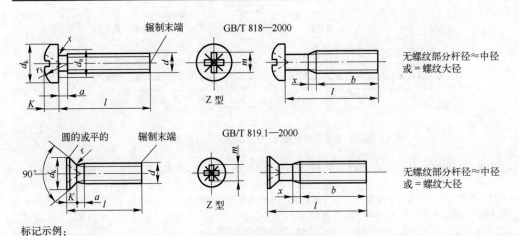

标记示例：

　　螺纹规格 d = M5，公称长度 l = 20 mm，性能等级为 4.8 级，不经表面处理的十字槽盘头螺钉（或十字槽沉头螺钉）

　　　　螺钉　GB/T 818　M5×20（或 GB/T 819.1　M5×20）

续表

螺纹规格 d			M1.6	M2	M2.5	M3	M4	M5	M6	M8	M10
螺距 P			0.35	0.4	0.45	0.5	0.7	0.8	1	1.25	1.5
a		max	0.7	0.8	0.9	1	1.4	1.6	2	2.5	3
b		min	25	25	25	25	38	38	38	38	38
x		max	0.9	1	1.1	1.25	1.75	2	2.5	3.2	3.8
十字槽盘头螺钉	d_a	max	2.1	2.6	3.1	3.6	4.7	5.7	6.8	9.2	11.2
	d_k	max	3.2	4	5	5.6	8	9.5	12	16	20
	K	max	1.3	1.6	2.1	2.4	3.1	3.7	4.6	6	7.5
	r	min	0.1	0.1	0.1	0.1	0.2	0.2	0.25	0.4	0.4
	r_f	≈	2.5	3.2	4	5	6.5	8	10	13	16
	m	参考	1.7	1.9	2.6	2.9	4.4	4.6	6.8	8.8	10
	l 商品规格范围		3~16	3~20	3~25	4~30	5~40	6~45	8~60	10~60	12~60
十字槽沉头螺钉	d_k	max	3	3.8	4.7	5.5	8.4	9.3	11.3	15.8	18.3
	K	max	1	1.2	1.5	1.65	2.7	2.7	3.3	4.65	5
	r	max	0.4	0.5	0.6	0.8	1	1.3	1.5	2	2.5
	m	参考	1.8	2	3	3.2	4.6	5.1	6.8	9	10
	l 商品规格范围		3~16	3~20	3~25	4~30	5~40	6~50	8~60	10~60	12~60
公称长度 l 的系列			3, 4, 5, 6, 8, 10, 12, (14), 16, 20~60 (5 进位)								

技术条件	材料	机械性能等级	螺纹公差	公差产品等级	表面处理
	钢	4.8	6g	A	1. 不经处理 2. 电镀或协议

注: 1. 公称长度 l 中的 (14), (55) 等规格尽可能不采用。

    2. 对十字槽盘头螺钉, d≤M3, l≤25 mm 或 d≥M4, l≤40 mm 时, 制出全螺纹 (b=l-a); 对十字槽沉头螺钉, d≤M3, l≤30 mm 或 d≥M4, l≤45 mm 时, 制出全螺纹[b=l-(K+a)]。

    3. GB/T 818 材料可选不锈钢或有色金属。

表 B-5 开槽锥端紧定螺钉 (GB/T 71—1985 摘录)、开槽平端紧定螺钉 (GB/T 73—1985 摘录)、

        开槽长圆柱端紧定螺钉 (GB/T 75—1985 摘录)   mm

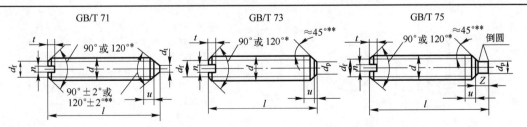

标记示例:

    螺纹规格 d=M5, 公称长度 l=12 mm, 性能等级为 14H 级, 表面氧化的开槽锥端紧定螺钉 (或开槽平端, 或开槽长圆柱紧定螺钉)

        螺钉 GB/T 71 M5×12 (或 GB/T 73 M5×12, 或 GB/T 75 M5×12)

续表

螺纹规格 d		M3	M4	M5	M6	M8	M10	M12
螺距 P		0.5	0.7	0.8	1	1.25	1.5	1.75
$d_f \approx$		螺纹小径						
d_t	max	0.3	0.4	0.5	1.5	2	2.5	3
d_p	max	2	2.5	3.5	4	5.5	7	8.5
n	公称	0.4	0.6	0.8	1	1.2	1.6	2
t	min	0.8	1.12	1.28	1.6	2	2.4	2.8
z	max	1.75	2.25	2.75	3.25	4.3	5.3	6.3
不完整螺纹的长度 u		$\leqslant 2P$						
l 范围（商品规格）	GB71—85	4~16	6~20	8~25	8~30	10~40	12~50	14~60
	GB73—85	3~15	4~20	5~25	6~30	8~40	10~50	12~60
	GB75—85	5~16	6~20	8~25	8~30	10~40	12~50	14~60
短螺钉	GB73—85	3	4	5	6	—	—	—
	GB75—85	5	6	8	8, 10	10, 12, 14	12, 14, 16	14, 16, 20
公称长度 l 的系列		3, 4, 5, 6, 8, 10, 12, (14), 16, 20, 25, 30, 35, 40, 45, 50, (55), 60						

技术条件	材料	机械性能等级	螺纹公差	公差产品等级	表面处理
	钢	14H, 22H	6g	A	氧化或镀锌钝化

注：1. 尽可能不采用括号内的规格。

　　2. 表图中标有 * 者，公称长度在表中 l 范围内的短螺钉应制成 120°；标有 * * 者，90°或 120°和 45°仅适用于螺纹小径以内的末端部分。

附录 C　螺母、垫圈

表 C-1　I 型六角螺母—A 和 B 级（GB/T 6170—2000 摘录）
六角薄螺母—A 和 B 级倒角（GB/T 6172.1—2000 摘录）　　　　　mm

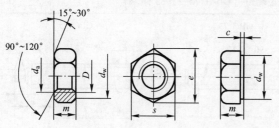

标记示例：

　　螺纹规格 D＝M12、性能等级为 8 级、不经表面处理、A 级的 I 型六角螺母
　　　　螺母　GB/T 6170 M12
　　螺纹规格 D＝M12、性能等级为 04 级、不经表面处理、A 级的六角薄螺母
　　　　螺母　GB/T 6172.1　M12

允许制造形式（GB/T 6170）

螺纹规格 D		M3	M4	M5	M6	M8	M10	M12	(M14)	M16	(M18)	M20	(M22)	M24	(M27)	M30	M36
d_a	max	3.45	4.6	5.75	6.75	8.75	10.8	13	15.1	17.30	19.5	21.6	23.7	25.9	29.1	32.4	38.9
d_w	min	4.6	5.9	6.9	8.9	11.6	14.6	16.6	19.6	22.5	24.9	27.7	31.4	33.3	38	42.8	51.1

续表

螺纹规格 D		M3	M4	M5	M6	M8	M10	M12	(M14)	M16	(M18)	M20	(M22)	M24	(M27)	M30	M36
e	min	6.01	7.66	8.79	11.05	14.38	17.77	20.03	23.36	26.75	29.56	32.95	37.29	39.55	45.2	50.85	60.79
s	max	5.5	7	8	10	13	16	18	21	24	27	30	34	36	41	46	55
c	max	0.4	0.4	0.5	0.5	0.6	0.6	0.6	0.6	0.8	0.8	0.8	0.8	0.8	0.8	0.8	0.8
m (max)	六角螺母	2.4	3.2	4.7	5.2	6.8	8.4	10.8	12.8	14.8	15.8	18	19.4	21.5	23.8	25.6	31
	薄螺母	1.8	2.2	2.7	3.2	4	5	6	7	8	9	10	11	12	13.5	15	18

技术条件	材料	性能等级	螺纹公差	表面处理	公差产品等级
	钢	六角螺母6、8、10 薄螺母04、05	6H	不经处理或 镀锌钝化	A级用于D≤M16 B级用于D>M16

注：尽可能不采用括号内的规格。

表 C-2 I 型六角开槽螺母—A 和 B 级（GB/T 6178—1986 摘录） mm

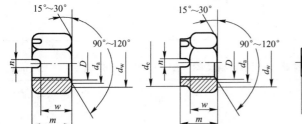

标记示例：
螺纹规格 D＝M5、性能等级为 8 级、不经表面处理、A 级的 I 型六角开槽螺母
螺母 GB/T 6178 M5

螺纹规格 D		M4	M5	M6	M8	M10	M12	(M14)	M16	M20	M24	M30	M36
d_e	max	—	—	—	—	—	—	—	—	28	34	42	50
m	max	5	6.7	7.7	9.8	12.4	15.8	17.8	20.8	24	29.5	34.6	40
n	min	1.2	1.4	2	2.5	3	3.5	3.5	4.5	4.5	5.5	7	7
w	max	3.2	4.7	5.2	6.8	8.4	10.8	12.8	14.8	18	21.5	25.6	31
s	max	7	8	10	13	16	18	21	24	30	36	46	55
开口销		1×10	1.2×12	1.6×14	2×16	2.5×20	3.2×22	3.2×25	4×28	4×36	5×40	6.3×50	6.3×63

注：1. d_a、d_w、e 尺寸和技术条件与表 11-12 相同。
　　2. 尽可能不采用括号内的规格。

表 C-3 小垫圈、平垫圈 mm

小垫圈—A 级（GB/T 848—2002 摘录）
平垫圈—A 级（GB/T 97.1—2002 摘录）

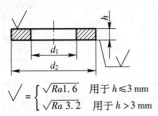

$$\sqrt{} = \begin{cases} \sqrt{Ra1.6} & \text{用于 } h \leqslant 3 \text{ mm} \\ \sqrt{Ra3.2} & \text{用于 } h > 3 \text{ mm} \end{cases}$$

平垫圈—倒角型—A 级
（GB/T 97.2—2002 摘录）

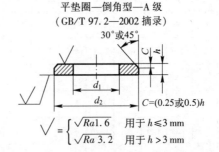

$C=(0.25 \text{或} 0.5)h$

$$\sqrt{} = \begin{cases} \sqrt{Ra1.6} & \text{用于 } h \leqslant 3 \text{ mm} \\ \sqrt{Ra3.2} & \text{用于 } h > 3 \text{ mm} \end{cases}$$

标记示例：
小系列（或标准系列）、公称规格 8mm、由钢制造的硬度等级为 200HV 级、不经表面处理、产品等级为 A 级的平垫圈 垫圈 GB/T 848 8（或 GB/T 97.1 8 或 GB/T 97.2 8）

续表

公称尺寸(螺纹规格d)		1.6	2	2.5	3	4	5	6	8	10	12	(14)	16	20	24	30	36
d_1	GB/T 848—2002	1.7	2.2	2.7	3.2	4.3	5.3	6.4	8.4	10.5	13	15	17	21	25	31	37
	GB/T 97.1—2002	1.7	2.2	2.7	3.2	4.3	5.3	6.4	8.4	10.5	13	15	17	21	25	31	37
	GB/T 97.2—2002	—	—	—	—	—	5.3	6.4	8.4	10.5	13	15	17	21	25	31	37
d_2	GB/T 848—2002	3.5	4.5	5	6	8	9	11	15	18	20	24	28	34	39	50	60
	GB/T 97.1—2002	4	5	6	7	9	10	12	16	20	24	28	30	37	44	56	66
	GB/T 97.2—2002	—	—	—	—	—	10	12	16	20	24	28	30	37	44	56	66
h	GB/T 848—2002	0.3	0.3	0.5	0.5	0.5	1	1.6	1.6	1.6	2	2.5	2.5	2.5	3	4	5
	GB/T 97.1—2002	0.3	0.3	0.5	0.5	0.8	1	1.6	1.6	2	2.5	2.5	3	3	4	4	5
	GB/T 97.2—2002	—	—	—	—	—	1	1.6	1.6	2	2.5	2.5	3	3	4	4	5

表 C-4 标准型弹簧垫圈（GB/T 93—1987 摘录）、轻型弹簧垫圈（GB/T 859—1987 摘录） mm

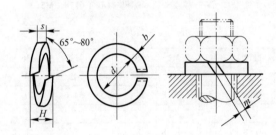

标记示例：
　规格为16、材料为65Mn、表面氧化的标准型（或轻型）弹簧垫圈
　　垫圈 GB/T 93 16（或 GB/T 859 16）

规格(螺纹大径)			3	4	5	6	8	10	12	(14)	16	(18)	20	(22)	24	(27)	30	(33)	36
GB/T 93—1987	$s(b)$	公称	0.8	1.1	1.3	1.6	2.1	2.6	3.1	3.6	4.1	4.5	5.0	5.5	6.0	6.8	7.5	8.5	9
	H	min	1.6	2.2	2.6	3.2	4.2	5.2	6.2	7.2	8.2	9	10	11	12	13.6	15	17	18
		max	2	2.75	3.25	4	5.25	6.5	7.75	9	10.25	11.25	12.5	13.75	15	17	18.75	21.25	22.5
	m	≤	0.4	0.55	0.65	0.8	1.05	1.3	1.55	1.8	2.05	2.25	2.5	2.75	3	3.4	3.75	4.25	4.5
GB/T 859—1987	s	公称	0.6	0.8	1.1	1.3	1.6	2	2.5	3	3.2	3.6	4	4.5	5	5.5	6	—	—
	b	公称	1	1.2	1.5	2	2.5	3	3.5	4	4.5	5	5.5	6	7	8	9	—	—
	H	min	1.2	1.6	2.2	2.6	3.2	4	5	6	6.4	7.2	8	9	10	11	12	—	—
		max	1.5	2	2.75	3.25	4	5	6.25	7.5	8	9	10	11.25	12.5	13.75	15	—	—
	m	≤	0.3	0.4	0.55	0.65	0.8	1.0	1.25	1.5	1.6	1.8	2.0	2.25	2.5	2.75	3.0	—	—

注：尽可能不采用括号内的规格。

附录 D 键、花键

表 D-1   平键连接的剖面和键槽尺寸（GB/T 1095—2003 摘录）
普通平键的形式和尺寸（GB/T 1096—2003 摘录）   mm

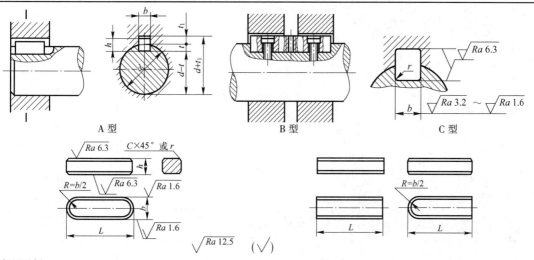

A 型   B 型   C 型

标记示例：
GB/T 1096   键 16×10×100 ［圆头普通平键（A 型）、$b=16$、$h=10$、$L=100$］
GB/T 1096   键 B16×10×100 ［平头普通平键（B 型）、$b=16$、$h=10$、$L=100$］
GB/T 1096   键 C16×10×100 ［单圆头普通平键（C 型）、$b=16$、$h=10$、$L=100$］

轴	键	键　槽											
		宽度 b						深　度				半径 r	
公称直径 d	公称尺寸 $b×h$	公称尺寸 b	极限偏差					轴 t		毂 t_1			
			松连接		正常连接		紧密连接	公称尺寸	极限偏差	公称尺寸	极限偏差	最小	最大
			轴 H9	毂 D10	轴 N9	毂 JS9	轴和毂 P9						
自 6~8	2×2	2	+0.025 0	+0.060 +0.020	−0.004 −0.029	±0.0125	−0.006 −0.031	1.2	+0.1 0	1	+0.1 0	0.08	0.16
>8~10	3×3	3						1.8		1.4			
>10~12	4×4	4	+0.030 0	+0.078 +0.030	0 −0.030	±0.015	−0.012 −0.042	2.5		1.8			
>12~17	5×5	5						3.0		2.3		0.16	0.25
>17~22	6×6	6						3.5		2.8			
>22~30	8×7	8	+0.036 0	+0.098 +0.040	0 −0.036	±0.018	−0.015 −0.051	4.0		3.3			
>30~38	10×8	10						5.0		3.3			
>38~44	12×8	12	+0.043 0	+0.120 +0.050	0 −0.043	±0.0215	−0.018 −0.061	5.0		3.3			
>44~50	14×9	14						5.5		3.8		0.25	0.40
>50~58	16×10	16						6.0	+0.2 0	4.3	+0.2 0		
>58~65	18×11	18						7.0		4.4			
>65~75	20×12	20	+0.052 0	+0.149 +0.065	0 −0.052	±0.026	−0.022 −0.074	7.5		4.9			
>75~85	22×14	22						9.0		5.4		0.40	0.60
>85~95	25×14	25						9.0		5.4			
>95~110	28×16	28						10.0		6.4			
键的长度系列	6, 8, 10, 12, 14, 16, 18, 20, 22, 25, 28, 32, 36, 40, 45, 50, 56, 63, 70, 80, 90, 100, 110, 125, 140, 160, 180, 200, 220, 250, 280, 320, 360												

注：1. 在工作图中，轴槽深用 t 或 $(d-t)$ 标注，轮毂槽深用 $(d+t_1)$ 标注。
2. $(d-t)$ 和 $(d+t_1)$ 两组组合尺寸的极限偏差按相应的 t 和 t_1 极限偏差选取，但 $(d-t)$ 极限偏差值应取负号 $(-)$。
3. 键尺寸的极限偏差 b 为 h8，h 为 h11，L 为 h14。
4. 键材料的抗拉强度应不小于 590 MPa。

表 D-2 矩形花键尺寸、公差（GB/T 1144.1—2001 摘录）　　　　　mm

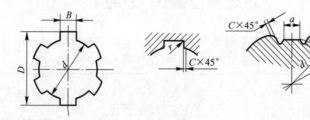

标记示例：

花键 $N=6$, $d=23\dfrac{H7}{f7}$, $D=26\dfrac{H10}{a11}$, $B=6\dfrac{H11}{d10}$　　　花键副 $6\times23\dfrac{H7}{f7}\times26\dfrac{H10}{a11}\times6\dfrac{H11}{d10}$　GB/T 1144.1

内花键 6×23H7×26H10×6H11　GB/T 1144.1　　　外花键 6×23f7×26a11×6d10　　GB/T 1144.1

小径 d	轻 系 列					中 系 列				
	规 格 $N\times d\times D\times B$	C	r	参 考		规 格 $N\times d\times D\times B$	C	r	参 考	
				d_{1min}	a_{min}				d_{1min}	a_{min}
18						6×18×22×5			16.6	1.0
21						6×21×25×5	0.3	0.2	19.5	2.0
23	6×23×26×6	0.2	0.1	22	3.5	6×23×28×6			21.2	1.2
26	6×26×30×6			24.5	3.8	6×26×32×6			23.6	1.2
28	6×28×32×7			26.6	4.0	6×28×34×7			25.3	1.4
32	8×32×36×6	0.3	0.2	30.3	2.7	8×32×38×6	0.4	0.3	29.4	1.0
36	8×36×40×7			34.4	3.5	8×36×42×7			33.4	1.0
42	8×42×46×8			40.5	5.0	8×42×48×8			39.4	2.5
46	8×46×50×9			44.6	5.7	8×46×54×9			42.6	1.4
52	8×52×58×10			49.6	4.8	8×52×60×10	0.5	0.4	48.6	2.5
56	8×56×62×10			53.5	6.5	8×56×65×10			52.0	2.5
62	8×62×68×12			59.7	7.3	8×62×72×12			57.7	2.4
72	10×72×78×12	0.4	0.3	69.6	5.4	10×72×82×12			67.4	1.0
82	10×82×88×12			79.3	8.5	10×82×92×12	0.6	0.5	77.0	2.9
92	10×92×98×14			89.6	9.9	10×92×102×14			87.3	4.5
102	10×102×108×16			99.6	11.3	10×102×112×16			97.7	6.2

基本尺寸系列和键槽截面尺寸

内、外键的尺寸公差

内 花 键				外 花 键			装配形式
d	D	B		d	D	B	
		拉削后不热处理	拉削后热处理				
一般用公差带							
H7	H10	H9	H11	f7	a11	d10	滑　动
				g7		f9	紧滑动
				h7		h10	固　定
精密传动用公差带							
H5	H10	H7、H9		f5	a11	d8	滑　动
				g5		f7	紧滑动
				h5		h8	固　定
H6				f6		d8	滑　动
				g6		f7	紧滑动
				h6		d8	固　定

注：1. N——键数、D——大径、B——键宽。

2. 精密传动用的内花键，当需要控制键侧配合间隙时，槽宽可选用 H7，一般情况下可选用 H9。

3. d 为 H6 和 H7 的内花键，允许与提高一级的外花键配合。

附录 E 销

表 E-1 圆柱销（GB/T 119.1—2000 摘录）、圆锥销（GB/T 117—2000 摘录）　　　mm

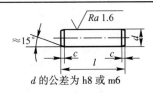

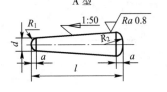

d 的公差为 h8 或 m6

公差 m6：表面粗糙度 $Ra \leqslant 0.8\,\mu m$
公差 h8：表面粗糙度 $Ra \leqslant 1.6\,\mu m$

标记示例：
　公称直径 $d=6$、公差为 m6、公称长度 $l=30$、材料为钢、不经淬火、不经表面处理的圆柱销
　　　　销 GB/T 119.1　6　m6×30
　公称直径 $d=6$、长度 $l=30$、材料为 35 钢、热处理硬度 28～38HRC、表面氧化处理的 A 型圆锥销
　　　　销 GB/T 117　6×30

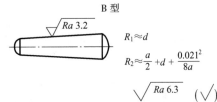

公称直径 d		3	4	5	6	8	10	12	16	20	25
圆柱销	d h8 或 m6	3	4	5	6	8	10	12	16	20	25
	$c \approx$	0.5	0.63	0.8	1.2	1.6	2.0	2.5	3.0	3.5	4.0
	l（公称）	8～30	8～40	10～50	12～60	14～80	18～95	22～140	26～180	35～200	50～200
圆锥销	dh10 min / max	2.96 / 3	3.95 / 4	4.95 / 5	5.95 / 6	7.94 / 8	9.94 / 10	11.93 / 12	15.93 / 16	19.92 / 20	24.92 / 25
	$a \approx$	0.4	0.5	0.63	0.8	1.0	1.2	1.6	2.0	2.5	3.0
	l（公称）	12～45	14～55	18～60	22～90	22～120	26～160	32～180	40～200	45～200	50～200
l(公称)的系列		12～32（2 进位），35～100（5 进位），100～200（20 进位）									

表 E-2 开口销（GB/T 118—2000 摘录）　　　　　　　　mm

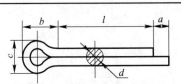

允许制造的形式

标记示例：
　公称直径 $d=5$、长度 $l=50$、材料为低碳钢、不经表面处理的开口销
　　　　销 GB/T 91　5×50

公称直径 d		0.6	0.8	1	1.2	1.6	2	2.5	3.2	4	5	6.3	8	10	13
a	max	1.6				2.5			3.2		4			6.3	
c	max	1	1.4	1.8	2	2.8	3.6	4.6	5.8	7.4	9.2	11.8	15	19	24.8
	min	0.9	1.2	1.6	1.7	2.4	3.2	4	5.1	6.5	8	10.3	13.1	16.6	21.7
$b \approx$		2	2.4	3	3	3.2	4	5	6.4	8	10	12.6	16	20	26
l(公称)		4～12	5～16	6～20	8～25	8～32	10～40	12～50	14～63	18～80	22～100	32～125	40～160	45～200	71～250
l(公称)的系列		4，5，6～22（2 进位），25，28，32，36，40，45，50，56，63，71，80，90，100，112，125，140，160，180，200，224，250													

注：销孔的公称直径等于销的公称直径 d。

表 E-3　无头销轴（GB/T 880—2008 摘录）、**销轴**（GB/T 882—2008 摘录）　　　mm

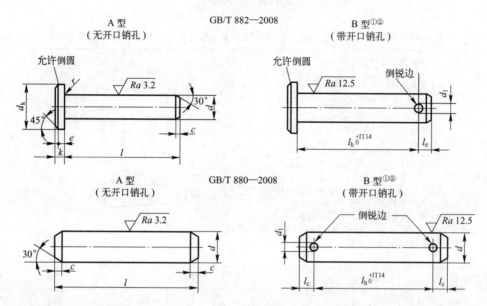

注：用于铁路和开口销承受交变横向力的场合时，推荐采用表中规定的下一档较大的开口销及相应的孔径。

① 其余尺寸、角度和表面粗糙度值见 A 型。

② 某些情况下，不能按 $l-l_e$ 计算 l_h 尺寸，所需的尺寸应在标记中注明，但不允许 l_h 尺寸小于表中规定的数值。

d	h11	3	4	5	6	8	10	12	14	16	18	20	22	24	27	30	33	36	40	45	50	55	60	70	80	90	100
d_1	h13	0.8	1	1.2	1.6	2	3.2		4			5		6.3		8				10			13				
c	max	1		2			3					4							6								
GB/T 882	d_k	5	6	8	10	14	18	20	22	25	28	30	33	36	40	44	47	50	55	60	66	72	78	90	100	110	120
	k	1		1.6	2	3	4			4.5		5		5.5		6			8			9	11	12	13		
	r	0.6										1															
	e	0.5		1			1.6					2							3								
l_e	min	1.6	2.2	2.9	3.2	3.5	4.5	5.5	6		7		8		9		10			12		14		16			
l		6~30	8~40	10~50	12~60	16~80	20~100	24~120	28~140	32~160	35~180	40~200	45~200	50~200	55~200	60~200	65~200	70~200	80~200	90~200	100~200	120~200	120~200	140~200	160~200	180~200	200

注：长度 l 系列为 6~32（2 进位），35~100（5 进位），120~200（20 进位）。

附录 F 常用滚动轴承

表 F-1 深沟球轴承（GB/T 276—1994 摘录）

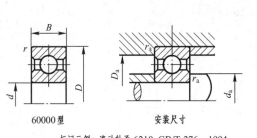

60000型　　　　　安装尺寸　　　　　　　　规定画法

标记示例：滚动轴承 6210 GB/T 276—1994

F_a/C_{0r}	e	Y	径向当量动载荷	径向当量静载荷
0.014	0.19	2.30		
0.028	0.22	1.99		
0.056	0.26	1.71		
0.084	0.28	1.55	当 $\dfrac{F_a}{F_r} \leqslant e$，$P_r = F_r$	$P_{0r} = F_r$
0.11	0.30	1.45		$P_{0r} = 0.6F_r + 0.5F_a$
0.17	0.34	1.31	当 $\dfrac{F_a}{F_r} > e$，$P_r = 0.56F_r + YF_a$	取上列两式计算结果的大值
0.28	0.38	1.15		
0.42	0.42	1.04		
0.56	0.44	1.00		

轴承代号	基本尺寸/mm				安装尺寸/mm			基本额定动载荷 C_r/kN	基本额定静载荷 C_{0r}/kN	极限转速 /(r·min⁻¹)		原轴承代号
	d	D	B	r_s min	d_a min	D_a max	r_{as} max			脂润滑	油润滑	
（1）0 尺寸系列												
6000	10	26	8	0.3	12.4	23.6	0.3	4.58	1.98	20 000	28 000	100
6001	12	28	8	0.3	14.4	25.6	0.3	5.10	2.38	19 000	26 000	101
6002	15	32	9	0.3	17.4	29.6	0.3	5.58	2.85	18 000	24 000	102
6003	17	35	10	0.3	19.4	32.6	0.3	6.00	3.25	17 000	22 000	103
6004	20	42	12	0.6	25	37	0.6	9.38	5.02	15 000	19 000	104
6005	25	47	12	0.6	30	42	0.6	10.0	5.85	13 000	17 000	105
6006	30	55	13	1	36	49	1	13.2	8.30	10 000	14 000	106
6007	35	62	14	1	41	56	1	16.2	10.5	9 000	12 000	107
6008	40	68	15	1	46	62	1	17.0	11.8	8 500	11 000	108
6009	45	75	16	1	51	69	1	21.0	14.8	8 000	10 000	108
6010	50	80	16	1	56	74	1	22.0	16.2	7 000	9 000	110
6011	55	90	18	1.1	62	83	1	30.2	21.8	6 300	8 000	111
6012	60	95	18	1.1	67	88	1	31.5	24.2	6 000	7 500	112
6013	65	100	18	1.1	72	93	1	32.0	24.8	5 600	7 000	113
6014	70	110	20	1.1	77	103	1	38.5	30.5	5 300	6 700	114
6015	75	115	20	1.1	82	108	1	40.2	33.2	5 000	6 300	115
6016	80	125	22	1.1	87	118	1	47.5	39.8	4 800	6 000	116
6017	85	130	22	1.1	92	123	1	50.8	42.8	4 500	5 600	117
6018	90	140	24	1.5	99	131	1.5	58.0	49.8	4 300	5 300	118
6019	95	145	24	1.5	104	136	1.5	57.8	50.0	4 000	5 000	119
6020	100	150	24	1.5	109	141	1.5	64.5	56.2	3 800	4 800	120

续表

轴承代号	基本尺寸/mm				安装尺寸/mm			基本额定动载荷 C_r/kN	基本额定静载荷 C_{0r}/kN	极限转速/(r·min⁻¹)		原轴承代号
	d	D	B	r_s min	d_a min	D_a max	r_{as} max			脂润滑	油润滑	
(0) 2 尺寸系列												
6200	10	30	9	0.6	15	25	0.6	5.10	2.38	19 000	26 000	200
6201	12	32	10	0.6	17	27	0.6	6.82	3.05	18 000	24 000	201
6202	15	35	11	0.6	20	30	0.6	7.65	3.72	17 000	22 000	202
6203	17	40	12	0.6	22	35	0.6	9.58	4.78	16 000	20 000	203
6204	20	47	14	1	26	41	1	12.8	6.65	14 000	18 000	204
6205	25	52	15	1	31	46	1	14.0	7.88	12 000	16 000	205
6206	30	62	16	1	36	56	1	19.5	11.5	9 500	13 000	206
6207	35	72	17	1.1	42	65	1	25.5	15.2	8 500	11 000	207
6208	40	80	18	1.1	47	73	1	29.5	18.0	8 000	10 000	208
6209	45	85	19	1.1	52	78	1	31.5	20.5	7 000	9 000	209
6210	50	90	20	1.1	57	83	1	35.0	23.2	6 700	8 500	210
6211	55	100	21	1.5	64	91	1.5	43.2	29.2	6 000	7 500	211
6212	60	110	22	1.5	69	101	1.5	47.8	32.8	5 600	7 000	212
6213	65	120	23	1.5	74	111	1.5	57.2	40.0	5 000	6 300	213
6214	70	125	24	1.5	70	116	1.5	60.8	45.0	4 800	6 000	214
6215	75	130	25	1.5	84	121	1.5	66.0	49.5	4 500	5 600	215
6216	80	140	26	2	90	130	2	71.5	54.2	4 300	5 300	216
6217	85	150	28	2	95	140	2	83.2	63.8	4 000	5 000	217
6218	90	160	30	2	100	150	2	95.8	71.5	3 800	4 800	218
6219	95	170	32	2.1	107	158	2.1	110	82.8	3 600	4 500	219
6220	100	180	34	2.1	112	168	2.1	122	92.8	3 400	4 300	220
(0) 3 尺寸系列												
6300	10	35	11	0.6	15	30	0.6	7.65	3.48	18 000	24 000	300
6301	12	37	12	1	18	31	1	9.72	5.08	17 000	22 000	301
6302	15	42	13	1	21	36	1	11.5	5.42	16 000	20 000	302
6303	17	47	14	1	23	41	1	13.5	6.58	15 000	19 000	303
6304	20	52	15	1.1	27	45	1	15.8	7.88	13 000	17 000	304
6305	25	62	17	1.1	32	55	1	22.2	11.5	10 000	14 000	305
6306	30	72	19	1.1	37	65	1	27.0	15.2	9 000	12 000	306
6307	35	80	21	1.5	44	71	1.5	33.2	19.2	8 000	10 000	307
6308	40	90	23	1.5	49	81	1.5	40.8	24.0	7 000	9 000	308
6309	45	100	25	1.5	54	91	1.5	52.8	31.8	6 300	8 000	309
6310	50	110	27	2	60	100	2	61.8	38.0	6 000	7 500	310
6311	55	120	29	2	65	110	2	71.5	44.8	5 300	6 700	311
6312	60	130	31	2.1	72	118	2.1	81.8	51.8	5 000	6 300	312
6313	65	140	33	2.1	77	128	2.1	93.8	60.5	4 500	5 600	313
6314	70	150	35	2.1	82	138	2.1	105	68.0	4 300	5 300	314
6315	75	160	37	2.1	87	148	2.1	112	76.8	4 000	5 000	315
6316	80	170	39	2.1	92	158	2.1	122	86.5	3 800	4 800	316
6317	85	180	41	3	99	166	2.5	132	96.5	3 600	4 500	317
6318	90	190	43	3	104	176	2.5	145	108	3 400	4 300	318
6319	95	200	45	3	109	186	2.5	155	122	3 200	4 000	319
6320	100	215	47	3	114	201	2.5	172	140	2 800	3 600	320
(0) 4 尺寸系列												
6403	17	62	17	1.1	24	55	1	22.5	10.8	11 000	15 000	403
6404	20	72	19	1.1	27	65	1	31.0	15.2	9 500	13 000	404
6405	25	80	21	1.5	34	71	1.5	38.2	19.2	8 500	11 000	405
6406	30	90	23	1.5	39	81	1.5	47.5	24.5	8 000	10 000	406
6407	35	100	25	1.5	44	91	1.5	56.8	29.5	6 700	8 500	407
6408	40	110	27	2	50	100	2	65.5	37.5	6 300	8 000	408
6409	45	120	29	2	55	110	2	77.5	45.5	5 600	7 000	409
6410	50	130	31	2.1	62	118	2.1	92.2	55.2	5 300	6 700	410
6411	55	140	33	2.1	67	128	2.1	100	62.5	4 800	6 000	411
6412	60	150	35	2.1	72	138	2.1	108	70.0	4 500	5 600	412
6413	65	160	37	2.1	77	148	2.1	118	78.5	4 300	5 300	413
6414	70	180	42	3	84	166	2.5	140	99.5	3 800	4 800	414
6415	75	190	45	3	89	176	2.5	155	115	3 600	4 500	415
6416	80	200	48	3	94	186	2.5	162	125	3 400	4 300	416
6417	85	210	52	4	103	192	3	175	138	3 200	4 000	417
6418	90	225	54	4	108	207	3	192	158	2 800	3 600	418
6420	100	250	58	4	118	232	3	222	195	2 400	3 200	420

注：1. 表中 C_r 值适用于轴承为真空脱气轴承钢材料。如为普通电炉钢，C_r 值降低；如为真空重熔或电渣重熔轴承钢，C_r 值提高。

2. 表中 r_{smin} 为 r 的单向最小倒角尺寸；r_{asmax} 为 r_a 的单向最大倒角尺寸。

表 F-2 调心球轴承（GB/T 281—1994 摘录）

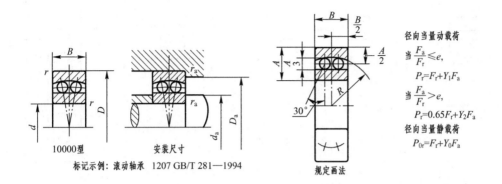

径向当量动载荷

当 $\frac{F_a}{F_r} \leqslant e$,

$P_r = F_r + Y_1 F_a$

当 $\frac{F_a}{F_r} > e$,

$P_r = 0.65 F_r + Y_2 F_a$

径向当量静载荷

$P_{0r} = F_r + Y_0 F_a$

10000型   安装尺寸

标记示例：滚动轴承 1207 GB/T 281—1994

规定画法

轴承代号	基本尺寸/mm				安装尺寸/mm			计算系数				基本额定动载荷 C_r/kN	基本额定静载荷 C_{0r}/kN	极限转速 /(r·min⁻¹)		原轴承代号
	d	D	B	r_s min	d_a max	D_a max	r_{as} max	e	Y_1	Y_2	Y_0			脂润滑	油润滑	
(0) 2 尺寸系列																
1204	20	47	14	1	26	41	1	0.27	2.3	3.6	2.4	9.95	2.65	14 000	17 000	1204
1205	25	52	15	1	31	46	1	0.27	2.3	3.6	2.4	12.0	3.30	12 000	14 000	1205
1206	30	62	16	1	36	56	1	0.24	2.6	4.0	2.7	15.8	4.70	10 000	12 000	1206
1207	35	72	17	1.1	42	65	1	0.23	2.7	4.2	2.9	15.8	5.08	8 500	10 000	1207
1208	40	80	18	1.1	47	73	1	0.22	2.9	4.4	2.9	19.2	6.40	7 500	9 000	1208
1209	45	85	19	1.1	52	78	1	0.21	2.9	4.6	3.1	21.8	7.32	7 100	8 500	1209
1210	50	90	20	1.1	57	83	1	0.20	3.1	4.8	3.3	22.8	8.08	6 300	8 000	1210
1211	55	100	21	1.5	64	91	1.5	0.20	3.2	5.0	3.4	26.8	10.0	6 000	7 100	1211
1212	60	110	22	1.5	69	101	1.5	0.19	3.4	5.3	3.6	30.2	11.5	5 300	6 300	1212
1213	65	120	23	1.5	74	111	1.5	0.17	3.7	5.7	3.9	31.0	12.5	4 800	6 000	1213
1214	70	125	24	1.5	79	116	1.5	0.18	3.5	5.4	3.7	34.5	13.5	4 800	5 600	1214
1215	75	130	25	1.5	84	121	1.5	0.17	3.6	5.6	3.8	38.8	15.2	4 300	5 300	1215
1216	80	140	26	2	90	130	2	0.18	3.6	5.5	3.7	39.5	16.8	4 000	5 000	1216
(0) 3 尺寸系列																
1304	20	52	15	1.1	27	45	1	0.29	2.3	3.4	2.3	12.5	3.38	12 000	15 000	1304
1305	25	62	17	1.1	32	55	1	0.27	2.3	3.5	2.4	17.8	5.05	10 000	13 000	1305
1306	30	72	19	1.1	37	65	1	0.26	2.4	3.8	2.6	21.5	6.28	8 500	11 000	1306
1307	35	80	21	1.5	44	71	1.5	0.25	2.6	4.0	2.7	25.0	7.95	7 500	9 500	1307
1308	40	90	23	1.5	49	81	1.5	0.24	2.6	4.0	2.7	29.5	9.50	6 700	8 500	1308
1309	45	100	25	1.5	54	91	1.5	0.25	2.5	3.9	2.6	38.0	12.8	6 000	7 500	1309
1310	50	110	27	2	60	100	2	0.24	2.7	4.1	2.8	43.2	14.2	5 600	6 700	1310
1311	55	120	29	2	65	110	2	0.23	2.7	4.2	2.8	51.5	18.2	5 000	6 300	1311
1312	60	130	31	2.1	72	118	2.1	0.23	2.8	4.3	2.9	57.2	20.8	4 500	5 600	1312
1313	65	140	33	2.1	77	128	2.1	0.23	2.8	4.3	2.9	61.8	22.8	4 300	5 300	1313
1314	70	150	35	2.1	82	138	2.1	0.22	2.8	4.4	2.9	74.5	27.5	4 000	5 000	1314
1315	75	160	37	2.1	87	148	2.1	0.22	2.8	4.4	3.0	79.0	29.8	3 800	4 500	1315
1316	80	170	39	2.1	92	158	2.1	0.22	2.9	4.5	3.1	88.5	32.8	3 600	4 300	1316
22 尺寸系列																
2204	20	47	18	1	26	41	1	0.48	1.3	2.0	1.4	12.5	3.28	14 000	17 000	1504
2205	25	52	18	1	31	46	1	0.41	1.5	2.3	1.5	12.5	3.40	12 000	14 000	1505
2206	30	62	20	1	36	56	1	0.39	1.6	2.4	1.7	15.2	4.60	10 000	12 000	1506
2207	35	72	23	1.1	42	65	1	0.38	1.7	2.6	1.8	21.8	6.65	8 500	10 000	1507
2208	40	80	23	1.1	47	73	1	0.24	1.9	2.9	2.0	22.5	7.38	7 500	9 000	1508
2209	45	85	23	1.1	52	78	1	0.31	2.1	3.2	2.2	23.2	8.00	7 100	8 500	1509
2210	50	90	23	1.1	57	83	1	0.29	2.2	3.4	2.3	23.2	8.45	6 300	8 000	1510
2211	55	100	25	1.5	64	91	1.5	0.28	2.3	3.5	2.4	26.8	9.95	6 000	7 100	1511
2212	60	110	28	1.5	69	101	1.5	0.28	2.3	3.5	2.4	34.0	12.5	5 300	6 300	1512
2213	65	120	31	1.5	74	111	1.5	0.28	2.3	3.5	2.4	43.5	16.2	4 800	6 000	1513
2213	70	125	31	1.5	79	116	1.5	0.27	2.4	3.7	2.5	44.0	17.0	4 500	5 600	1514

注：同表 12-1 中注（1）、（2）。

表 F-3 圆柱滚子轴承（GB/T 283—2007 摘录）

N0000型　　　　NF0000型　　　　　　安装尺寸　　　　　　　　　规定画法

标记示例：滚动轴承 N216E GB/T 283—2007

径向当量动载荷		径向当量静载荷
$P_r = F_r$	对轴向承载的轴承（NF 型 02, 03 系列） 当 $0 \leqslant F_a/F_r \leqslant 0.12$, $\qquad P_r = F_r + 0.3F_a$ 当 $0.12 \leqslant F_a/F_r \leqslant 0.3$, $\qquad P_r = 0.94F_r + 0.8F_a$	$P_{0r} = F_r$

轴承代号		尺寸/mm					安装尺寸/mm						基本额定动载荷 C_r/kN		基本额定静载荷 C_{0r}/kN		极限转速 /(r·min⁻¹)		原轴承代号	
		d	D	B	r_s	r_{1s}	E_w		d_a	D_a	r_{as}	r_{bs}	N 型	NF 型	N 型	NF 型	脂润滑	油润滑		
					min		N 型	NF 型	min		max									
(0) 2 尺寸系列																				
N204E	NF204	20	47	14	1	0.6	41.5	40	25	42	1	0.6	25.8	12.5	24.0	11.0	12 000	16 000	2204E	12204
N205E	NF205	25	52	15	1	0.6	46.5	45	30	47	1	0.6	27.5	14.2	26.8	12.8	10 000	14 000	2205E	12205
N206E	NF206	30	62	16	1	0.6	55.5	53.5	36	56	1	0.6	36.0	19.5	35.5	18.2	8 500	11 000	2206E	12206
N207E	NF207	35	72	17	1.1	0.6	64	61.8	42	64	1	0.6	46.5	28.5	48.0	28.0	7 500	9 500	2207E	12207
N208E	NF208	40	80	18	1.1	1.1	71.5	70	47	72	1	1	51.5	37.5	53.0	38.2	7 000	9 000	2208E	12208
N209E	NF209	45	85	19	1.1	1.1	76.5	75	52	77	1	1	58.5	39.8	63.8	41.0	6 300	8 000	2209E	12209
N210E	NF210	50	90	20	1.1	1.1	81.5	80.4	57	83	1	1	61.2	43.2	69.2	48.5	6 000	7 500	2210E	12210
N211E	NF211	55	100	21	1.5	1.1	90	88.5	64	91	1.5	1	80.2	52.8	95.5	60.2	5 300	6 700	2211E	12211
N212E	NF212	60	110	22	1.5	1.5	100	97.5	69	100	1.5	1.5	89.8	62.8	102	73.5	5 000	6 300	2212E	12212
N213E	NF213	65	120	23	1.5	1.5	108.5	105.5	74	108	1.5	1.5	102	73.2	118	87.5	4 500	5 600	2213E	12213
N214E	NF214	70	125	24	1.5	1.5	113.5	110.5	79	114	1.5	1.5	112	73.2	135	87.5	4 300	5 300	2214E	12214
N215E	NF215	75	130	25	1.5	1.5	118.5	116.5	84	120	1.5	1.5	125	89.0	155	110	4 000	5 000	2215E	12215
N216E	NF216	80	140	26	2	2	127.3	125.3	90	128	2	2	132	102	165	125	3 800	4 800	2216E	12216
(0) 3 尺寸系列																				
N304E	NF304	20	52	15	1.1	0.6	45.5	44.5	26.5	47	1	0.6	29.0	18.0	25.5	15.0	11 000	15 000	2304E	12304
N305E	NF305	25	62	17	1.1	1.1	54	53	31.5	55	1	1	38.5	25.2	35.8	22.5	9 000	12 000	2305E	12305
N306E	NF306	30	72	19	1.1	1.1	62.5	62	37	64	1	1	49.2	33.5	48.2	31.5	8 000	10 000	2306E	12306
N307E	NF307	35	80	21	1.5	1.1	70.2	68.2	44	71	1.5	1	62.0	41.0	63.2	39.2	7 000	9 000	2307E	12307
N308E	NF308	40	90	23	1.5	1.5	80	77.5	49	80	1.5	1.5	76.8	48.8	77.8	47.5	6 300	8 000	2308E	12308
N309E	NF309	45	100	25	1.5	1.5	88.5	86.5	54	89	1.5	1.5	93.0	66.8	98.0	66.8	5 600	7 000	2309E	12309
N310E	NF310	50	110	27	2	2	97	95	60	98	2	2	105	76.0	112	79.5	5 300	6 700	2310E	12310
N311E	NF311	55	120	29	2	2	106.5	104.5	65	107	2	2	128	97.8	138	105	4 800	6 000	23111E	12311
N312E	NF312	60	130	31	2.1	2.1	115	113	72	116	2.1	2.1	142	118	155	128	4 500	5 600	2312E	12312
N313E	NF313	65	140	33	2.1		124.5	121.5	77	125	2.1		170	125	188	135	4 000	5 000	2313E	12313
N314E	NF314	70	150	35	2.1		133	130	82	134	2.1		195	145	220	162	3 800	4 800	2314E	12314
N315E	NF315	75	160	37	2.1		143	139.5	87	143	2.1		228	165	260	188	3 600	4 500	2315E	12315
N316E	NF316	80	170	39	2.1		151	147	92	151	2.1		245	175	282	200	3 400	4 300	2316E	12316

注: 1. 同表 12-1 中注 1。
   2. 后缀带 E 为加强型圆柱滚子轴承，应优化选用。
   3. r_{smin}——r 的单向最小倒角尺寸，r_{1smin}——r_1 的单向最小倒角尺寸。

表 F-4　角接触球轴承（GB/T 292—2007 摘录）

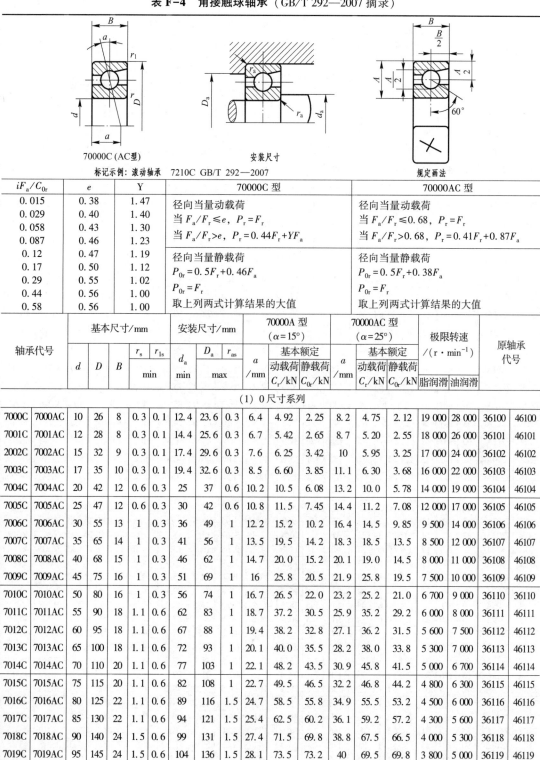

70000C (AC型)　　　　安装尺寸　　　　规定画法

标记示例：滚动轴承　7210C GB/T 292—2007

iF_a/C_{0r}	e	Y	70000C 型	70000AC 型
0.015	0.38	1.47	径向当量动载荷	径向当量动载荷
0.029	0.40	1.40	当 $F_a/F_r \leqslant e$，$P_r=F_r$	当 $F_a/F_r \leqslant 0.68$，$P_r=F_r$
0.058	0.43	1.30	当 $F_a/F_r > e$，$P_r=0.44F_r+YF_a$	当 $F_a/F_r > 0.68$，$P_r=0.41F_r+0.87F_a$
0.087	0.46	1.23		
0.12	0.47	1.19	径向当量静载荷	径向当量静载荷
0.17	0.50	1.12	$P_{0r}=0.5F_r+0.46F_a$	$P_{0r}=0.5F_r+0.38F_a$
0.29	0.55	1.02	$P_{0r}=F_r$	$P_{0r}=F_r$
0.44	0.56	1.00	取上列两式计算结果的大值	取上列两式计算结果的大值
0.58	0.56	1.00		

轴承代号		基本尺寸/mm					安装尺寸/mm			70000A 型 ($\alpha=15°$)			70000AC 型 ($\alpha=25°$)			极限转速 /(r·min⁻¹)		原轴承代号
		d	D	B	r_s min	r_{1s} min	d_a min	D_a max	r_{as} max	a /mm	基本额定 动载荷 C_r/kN	静载荷 C_{0r}/kN	a /mm	基本额定 动载荷 C_r/kN	静载荷 C_{0r}/kN	脂润滑	油润滑	
(1) 0 尺寸系列																		
7000C	7000AC	10	26	8	0.3	0.1	12.4	23.6	0.3	6.4	4.92	2.25	8.2	4.75	2.12	19 000	28 000	36100	46100
7001C	7001AC	12	28	8	0.3	0.1	14.4	25.6	0.3	6.7	5.42	2.65	8.7	5.20	2.55	18 000	26 000	36101	46101
2002C	7002AC	15	32	9	0.3	0.1	17.4	29.6	0.3	7.6	6.25	3.42	10	5.95	3.25	17 000	24 000	36102	46102
7003C	7003AC	17	35	10	0.3	0.1	19.4	32.6	0.3	8.5	6.60	3.85	11.1	6.30	3.68	16 000	22 000	36103	46103
7004C	7004AC	20	42	12	0.6	0.3	25	37	0.6	10.2	10.5	6.08	13.2	10.0	5.78	14 000	19 000	36104	46104
7005C	7005AC	25	47	12	0.6	0.3	30	42	0.6	10.8	11.5	7.45	14.4	11.2	7.08	12 000	17 000	36105	46105
7006C	7006AC	30	55	13	1	0.3	36	49	1	12.2	15.2	10.2	16.4	14.5	9.85	9 500	14 000	36106	46106
7007C	7007AC	35	65	14	1	0.3	41	56	1	13.5	19.5	14.2	18.3	18.5	13.5	8 500	12 000	36107	46107
7008C	7008AC	40	68	15	1	0.3	46	62	1	14.7	20.0	15.2	20.1	19.0	14.5	8 000	11 000	36108	46108
7009C	7009AC	45	75	16	1	0.3	51	69	1	16	25.8	20.5	21.9	25.8	19.5	7 500	10 000	36109	46109
7010C	7010AC	50	80	16	1	0.3	56	74	1	16.7	26.5	22.0	23.2	25.2	21.0	6 700	9 000	36110	36110
7011C	7011AC	55	90	18	1.1	0.6	62	83	1	18.7	37.2	30.5	25.9	35.2	29.2	6 000	8 000	36111	46111
7012C	7012AC	60	95	18	1.1	0.6	67	88	1	19.4	38.2	32.8	27.1	36.2	31.5	5 600	7 500	36112	46112
7013C	7013AC	65	100	18	1.1	0.6	72	93	1	20.1	40.0	35.5	28.2	38.0	33.8	5 300	7 000	36113	46113
7014C	7014AC	70	110	20	1.1	0.6	77	103	1	22.1	48.2	43.5	30.9	45.8	41.5	5 000	6 700	36114	46114
7015C	7015AC	75	115	20	1.1	0.6	82	108	1	22.7	49.5	46.5	32.2	46.8	44.2	4 800	6 300	36115	46115
7016C	7016AC	80	125	22	1.1	0.6	89	116	1.5	24.7	58.5	55.8	34.9	55.5	53.2	4 500	6 000	36116	46116
7017C	7017AC	85	130	22	1.1	0.6	94	121	1.5	25.4	62.5	60.2	36.1	59.2	57.2	4 300	5 600	36117	46117
7018C	7018AC	90	140	24	1.5	0.6	99	131	1.5	27.4	71.5	69.8	38.8	67.5	66.5	4 000	5 300	36118	46118
7019C	7019AC	95	145	24	1.5	0.6	104	136	1.5	28.1	73.5	73.2	40	69.5	69.8	3 800	5 000	36119	46119
7020C	7020AC	100	150	24	1.5	0.6	109	141	1.5	28.7	79.2	78.5	41.2	75	74.8	3 800	5 000	36120	46120

续表

轴承代号		基本尺寸/mm					安装尺寸/mm			70000A型 ($\alpha=15°$)			70000AC型 ($\alpha=25°$)			极限转速 /(r·min⁻¹)		原轴承代号	
		d	D	B	r_s	r_{1s}	d_a	D_a	r_{as}	a /mm	基本额定 动载荷 C_r/kN	静载荷 C_{0r}/kN	a /mm	基本额定 动载荷 C_r/kN	静载荷 C_{0r}/kN	脂润滑	油润滑		
					min		min	max											
(0) 2尺寸系列																			
7200C	7200AC	10	30	9	0.6	0.3	15	25	0.6	7.2	5.82	2.95	9.2	5.58	2.82	18 000	26 000	36200	46200
7201C	7201AC	12	32	10	0.6	0.3	17	27	0.6	8	7.35	3.52	10.2	7.10	3.35	17 000	24 000	36201	46201
7202C	7202AC	15	35	11	0.6	0.3	20	30	0.6	8.9	8.68	4.62	11.4	8.35	4.40	16 000	22 000	36202	46202
7203C	7203AC	17	40	12	0.6	0.3	22	35	0.6	9.9	10.8	5.95	12.8	10.5	5.65	15 000	20 000	36203	46203
7204C	7204AC	20	47	14	1	0.3	26	41	1	11.5	14.5	8.22	14.9	14.0	7.82	13 000	18 000	36204	46204
7205C	7205AC	25	52	15	1	0.3	31	46	1	12.7	16.5	10.5	16.4	15.8	9.88	11 000	16 000	36205	46205
7206C	7206AC	30	62	16	1	0.3	36	56	1	14.2	23.0	15.0	18.7	22.0	14.2	9 000	13 000	36206	46206
7207C	7207AC	35	72	17	1.1	0.3	42	65	1	15.7	30.5	20.0	21	29.0	19.2	8 000	11 000	36207	46207
7208C	7208AC	40	80	18	1.1	0.6	47	73	1	17	36.8	25.8	23	35.2	24.5	7 500	10 000	36208	46208
7209C	7209AC	45	85	19	1.1	0.6	52	78	1	18.2	38.5	28.5	24.7	36.8	27.2	6 700	9 000	36209	46209
7210C	7210AC	50	90	20	1.1	0.6	57	83	1	19.4	42.8	32.0	26.3	40.8	30.5	6 300	8 500	36210	46210
7211C	7211AC	55	100	21	1.5	0.6	64	91	1.5	20.9	52.8	40.5	28.6	50.5	38.5	5 600	7 500	36211	46211
7212C	7212AC	60	110	22	1.5	0.6	69	101	1.5	22.4	61.0	48.5	30.8	58.2	46.2	5 300	7 000	36212	46212
7213C	7213AC	65	120	23	1.5	0.6	74	111	1.5	24.2	69.8	55.2	33.5	66.5	52.5	4 800	6 300	36213	46213
7214C	7214AC	70	125	24	1.5	0.6	79	116	1.5	25.3	70.2	60.0	35.1	69.2	57.5	4 500	6 000	36214	46214
7215C	7215AC	75	130	25	1.5	0.6	84	121	1.5	26.4	79.2	65.8	36.6	75.2	63.0	4 300	5 600	36215	46215
7216C	7216AC	80	140	26	2	1	90	130	2	27.7	89.5	78.2	38.9	85.0	74.5	4 000	5 300	36216	46216
7217C	7217AC	85	150	28	2	1	95	140	2	29.9	99.8	85.0	41.6	94.8	81.5	3 800	5 000	36217	46217
7218C	7218AC	90	160	30	2	1	100	150	2	31.7	122	105	44.2	118	10	3 600	4 800	36218	46218
7219C	7219AC	95	170	32	2.1	1.1	107	158	2.1	33.8	135	115	46.9	128	108	3 400	4 500	36219	46219
7220C	7220AC	100	180	34	2.1	1.1	112	168	2.1	35.8	148	128	49.7	142	122	3 200	4 300	36220	46220
(0) 3尺寸系列																			
7301C	7301AC	12	37	12	1	0.3	18	31	1	8.6	8.10	5.22	12	8.08	4.88	16 000	22 000	36301	46301
7302C	7302AC	15	42	13	1	0.3	21	36	1	9.6	9.38	5.95	13.5	9.08	5.58	15 000	20 000	36302	46302
7303C	7303AC	17	47	14	1	0.3	23	41	1	10.4	12.8	8.62	14.8	11.5	7.08	14 000	19 000	36303	46303
7304C	7304AC	20	52	15	1.1	0.6	27	45	1	11.3	14.2	9.68	16.3	13.8	9.10	12 000	17 000	36304	46304
7305C	7305AC	25	62	17	1.1	0.6	32	55	1	13.1	21.5	15.8	19.1	20.8	14.8	9 500	14 000	36305	46305
7306C	7306AC	30	72	19	1.1	0.6	37	65	1	15	26.5	19.8	22.2	25.2	18.5	8 500	12 000	36306	46306
7307C	7307AC	35	80	21	1.5	0.6	44	71	1.5	16.6	34.2	26.8	24.5	32.8	24.8	7 500	10 000	36307	46307
7308C	7308AC	40	90	23	1.5	0.6	49	81	1.5	18.5	40.2	32.3	27.5	38.5	30.5	6 700	9 000	36308	46308
7309C	7309AC	45	100	25	1.5	0.6	54	91	1.5	20.2	49.2	39.8	30.2	47.5	37.2	6 000	8 000	36309	46309
7310C	7310AC	50	110	27	2	1	60	100	2	22	53.5	47.2	33	55.5	44.5	5 600	7 500	36310	46310
7311C	7311AC	55	120	29	2	1	65	110	2	23.8	70.5	60.5	35.8	67.2	56.8	5 000	6 700	36311	46311
7312C	7312AC	60	130	31	2.1	1.1	72	118	2.1	25.6	80.5	70.2	38.7	77.8	65.8	4 800	6 300	36312	46312
7313C	7313AC	65	140	33	2.1	1.1	77	128	2.1	27.4	91.5	80.5	41.5	89.8	75.5	4 300	5 600	36313	46313
7314C	7314AC	70	150	35	2.1	1.1	82	138	2.1	29.2	102	91.5	44.3	98.5	86.0	4 000	5 300	36314	46314
7315C	7315AC	75	160	37	2.1	1.1	87	148	2.1	31	112	105	47.2	108	97.0	3 800	5 000	36315	46315
7316C	7316AC	80	170	39	2.1	1.1	92	158	2.1	32.8	122	118	50	118	108	3 600	4 800	36316	46316
7317C	7317AC	85	180	41	3	1.1	99	166	2.5	34.6	132	128	52.8	125	122	3 400	4 500	36317	46317
7318C	7318AC	90	190	43	3	1.1	104	176	2.5	36.4	142	142	55.6	135	135	3 200	4 300	36318	46318
7319C	7319AC	95	200	45	3	1.1	109	186	2.5	38.2	152	158	58.5	145	148	3 000	4 000	36319	46319
7320C	7320AC	100	215	47	3	1.1	114	201	2.5	40.2	162	175	61.9	165	178	2 600	3 600	36320	46320

续表

轴承代号	基本尺寸/mm					安装尺寸/mm			70000A 型 ($\alpha=15°$)			70000AC 型 ($\alpha=25°$)			极限转速 /(r·min⁻¹)		原轴承代号
	d	D	B	r_s	r_{1s}	d_a	D_a	r_{as}	a /mm	基本额定		a /mm	基本额定		脂润滑	油润滑	
				min		min	max			动载荷 C_r/kN	静载荷 C_{0r}/kN		动载荷 C_r/kN	静载荷 C_{0r}/kN			
(0) 4 尺寸系列 (GB/T 292—1994 摘录)																	
7406AC	30	90	23	1.5	0.6	39	81	1				26.1	42.5	32.2	7 500	10 000	46406
7407AC	35	100	25	1.5	0.6	44	91	1.5				29	53.8	42.5	6 300	8 500	46407
7408AC	40	110	27	2	1	50	100	2				31.8	62.0	49.5	6 000	8 000	46408
7409AC	45	120	29	2	1	55	110	2				34.6	66.8	52.8	5 300	7 000	46409
7410AC	50	130	31	2.1	1.1	62	118	2.1				37.4	76.5	64.2	5 000	6 700	46410
7412AC	60	150	35	2.1	1.1	72	138	2.1				43.1	102	90.8	4 300	5 600	46412
7414AC	70	180	42	3	1.1	84	166	2.5				51.5	125	125	3 600	4 800	46414
7416AC	80	200	48	3	1.1	94	186	2.5				58.1	152	162	3 200	4 300	46416

注：1. 表中 C_r 值，对 (1) 0，(0) 2 系列为真空脱气轴承钢的载荷能力；对 (0) 3，(0) 4 系列为电炉轴承钢的载荷能力。

2. r_{smin}——r 的单向最小倒角尺寸，r_{1smin}——r_1 的单向最小倒角尺寸。

附录 G　极限与配合

表 G-1　公称尺寸至 500 mm 的标准公差数值（GB/T 1800.3—2009 摘录）　μm

公称尺寸/ mm	标准公差等级																	
	IT1	IT2	IT3	IT4	IT5	IT6	IT7	IT8	IT9	IT10	IT11	IT12	IT13	IT14	IT15	IT16	IT17	IT18
≤3	0.8	1.2	2	3	4	6	10	14	25	40	60	100	140	250	400	600	1 000	1 400
>3~6	1	1.5	2.5	4	5	8	12	18	30	48	75	120	180	300	480	750	1 200	1 800
>6~10	1	1.5	2.5	4	6	9	15	22	36	58	90	150	220	360	580	900	1 500	2 200
>10~18	1.2	2	3	5	8	11	18	27	43	70	110	180	270	430	700	1 100	1 800	2 700
>18~30	1.5	2.5	4	6	9	13	21	33	52	84	130	210	330	520	840	1 300	2 100	3 300
>30~50	1.5	2.5	4	7	11	16	25	39	62	100	160	250	390	620	1 000	1 600	2 500	3 900
>50~80	2	3	5	8	13	19	30	46	74	120	190	300	460	740	1 200	1 900	3 000	4 600
>80~120	2.5	4	6	10	15	22	35	54	87	140	220	350	540	870	1 400	2 200	3 500	5 400
>120~180	3.5	5	8	12	18	25	40	63	100	160	250	400	630	1 000	1 600	2 500	4 000	6 300
>180~250	4.5	7	10	14	20	29	46	72	115	185	290	460	720	1 150	1 850	2 900	4 600	7 200
>250~315	6	8	12	16	23	32	52	81	130	210	320	520	810	1 300	2 100	3 200	5 200	8 100
>315~400	7	9	13	18	25	36	57	89	140	230	360	570	890	1 400	2 300	3 600	5 700	8 900
>400~500	8	10	15	20	27	40	63	97	155	250	400	630	970	1 550	2 500	4 000	6 300	9 700

注：1. 公称尺寸大于 500 mm 的 IT1~IT5 的数值为试行的。

2. 公称尺寸小于或等于 1 mm 时，无 IT4~IT18。

表 G-2　轴的极限偏差（GB/T 1800.2—2009 摘录）　　　　μm

公称尺寸/mm		公差带														
		a		b			c					d				
大于	至	10	11*	10	11*	12*	8	9*	10*	▲11	12	7	8*	▲9	10*	11*
—	3	-270 -310	-270 -330	-140 -180	-140 -200	-140 -240	-60 -74	-60 -85	-60 -100	-60 -120	-60 -160	-20 -30	-20 -34	-20 -45	-20 -60	-20 -80
3	6	-270 -318	-270 -345	-140 -188	-140 -215	-140 -260	-70 -88	-70 -100	-70 118	-70 -145	-70 -190	-30 -42	-30 -48	-30 -60	-30 -78	-30 -105
6	10	-280 -338	-280 -370	-150 -208	-150 -240	-150 -300	-80 -102	-80 -116	-80 -138	-80 -170	-80 -230	-40 -55	-40 -62	-40 -76	-40 -98	-40 -130
10	14	-290 -360	-290 -400	-150 -220	-150 -260	-150 -330	-95 -122	-95 -138	-95 -165	-95 -205	-95 -275	-50 -68	-50 -77	-50 -93	-50 -120	-50 -160
14	18	-290 -360	-290 -400	-150 -220	-150 -260	-150 -330	-95 -122	-95 -138	-95 -165	-95 -205	-95 -275	-50 -68	-50 -77	-50 -93	-50 -120	-50 -160
18	24	-300 -384	-300 -430	-160 -244	-160 -290	-160 -370	-110 -143	-110 -162	-110 -194	-110 -240	-110 -320	-65 -86	-65 -98	-65 -117	-65 -149	-65 -195
24	30	-300 -384	-300 -430	-160 -244	-160 -290	-160 -370	-110 -143	-110 -162	-110 -194	-110 -240	-110 -320	-65 -86	-65 -98	-65 -117	-65 -149	-65 -195
30	40	-310 -410	-310 -470	-170 -270	-170 -330	-170 -420	-120 -159	-120 -182	-120 -220	-120 -280	-120 -370	-80 -105	-80 -119	-80 -142	-80 -180	-80 -240
40	50	-320 -420	-320 -480	-180 -280	-180 -340	-180 -430	-130 -169	-130 -192	-130 -230	-130 -290	-130 -380	-80 -105	-80 -119	-80 -142	-80 -180	-80 -240
50	65	-340 -460	-340 -530	-190 -310	-190 -380	-190 -490	-140 -186	-140 -214	-140 -260	-140 -330	-140 -440	-100 -130	-100 -146	-100 -174	-100 -220	-100 -290
65	80	-360 -480	-360 -550	-200 -320	-200 -390	-200 -500	-150 -196	-150 -224	-150 -270	-150 -340	-150 -450	-100 -130	-100 -146	-100 -174	-100 -220	-100 -290
80	100	-380 -520	-380 -600	-220 -360	-220 -440	-220 -570	-170 -224	-170 -257	-170 -310	-170 -390	-170 -520	-120 -155	-120 -174	-120 -207	-120 -260	-120 -340
100	120	-410 -550	-410 -630	-240 -380	-240 -460	-240 -590	-180 -234	-180 -267	-180 -320	-180 -400	-180 -530	-120 -155	-120 -174	-120 -207	-120 -260	-120 -340
120	140	-460 -620	-460 -710	-260 -420	-260 -510	-260 -660	-200 -263	-200 -300	-200 -360	-200 -450	-200 -600	-145 -185	-145 -208	-145 -245	-145 -305	-145 -395
140	160	-520 -680	-520 -770	-280 -440	-280 -530	-280 -680	-210 -273	-210 -310	-210 -370	-210 -460	-210 -610	-145 -185	-145 -208	-145 -245	-145 -305	-145 -395
160	180	-580 -740	-580 -830	-310 -470	-310 -560	-310 -710	-230 -293	-230 -330	-230 -390	-230 -480	-230 -630	-145 -185	-145 -208	-145 -245	-145 -305	-145 -395
180	200	-660 -845	-660 -950	-340 -525	-340 -630	-340 -800	-240 -312	-240 -355	-240 -425	-240 -530	-240 -700	-170 -216	-170 -242	-170 -285	-170 -355	-170 -460
200	225	-740 -925	-740 -1 030	-380 -565	-380 -670	-380 -840	-260 -332	-260 -375	-260 -445	-260 -550	-260 -720	-170 -216	-170 -242	-170 -285	-170 -355	-170 -460
225	250	-820 -1 005	-820 -1 110	-420 -605	-420 -710	-420 -880	-280 -352	-280 -395	-280 -465	-280 -570	-280 -740	-170 -216	-170 -242	-170 -285	-170 -355	-170 -460
250	280	-920 -1 130	-920 -1 240	-480 -690	-480 -800	-480 -1 000	-300 -381	-300 -430	-300 -510	-300 -620	-300 -820	-190 -242	-190 -271	-190 -320	-190 -400	-190 -510
280	315	-1 050 -1 260	-1 050 -1 370	-540 -750	-540 -860	-540 -1 060	-330 -411	-330 -460	-330 -540	-330 -650	-330 -850	-190 -242	-190 -271	-190 -320	-190 -400	-190 -510
315	355	-1 200 -1 430	-1 200 -1 560	-600 -830	-600 -960	-600 -1 170	-360 -449	-360 -500	-360 -590	-360 -720	-360 -930	-210 -267	-210 -299	-210 -350	-210 -440	-210 -570
355	400	-1 350 -1 580	-1 350 -1 710	-680 -910	-680 -1 040	-680 -1 250	-400 -489	-400 -540	-400 -630	-400 -760	-400 -970	-210 -267	-210 -299	-210 -350	-210 -440	-210 -570
400	450	-1 500 -1 750	-1 500 -1 900	-760 -1 010	-760 -1 160	-760 -1 390	-440 -537	-440 -595	-440 -690	-440 -840	-440 -1 070	-230 -293	-230 -327	-230 -385	-230 -480	-230 -630
450	500	-1 650 -1 900	-1 650 -2 050	-840 -1 090	-840 -1 240	-840 -1 470	-480 -577	-480 -635	-480 -730	-480 -880	-480 -1 110	-230 -293	-230 -327	-230 -385	-230 -480	-230 -630

续表

公称尺寸/mm		公差带														
大于	至	▲7	8*	▲9	10*	▲11	12*	13	5	6	7	5*	6*	7*	8	9
		h							j			js				
—	3	0/-10	0/-14	0/-25	0/-40	0/-60	0/-100	0/-140	±2	+4/-2	+6/-4	±2	±3	±5	±7	±12
3	6	0/-12	0/-18	0/-30	0/-48	0/-75	0/-120	0/-180	+3/-2	+6/-2	+8/-4	±2.5	±4	±6	±9	±15
6	10	0/-15	0/-22	0/-36	0/-58	0/-90	0/-150	0/-220	+4/-2	+7/-2	+10/-5	±3	±4.5	±7	±11	±18
10	14	0/-18	0/-27	0/-43	0/-70	0/-110	0/-180	0/-270	+5/-3	+8/-3	+12/-6	±4	±5.5	±9	±13	±21
14	18	0/-18	0/-27	0/-43	0/-70	0/-110	0/-180	0/-270	+5/-3	+8/-3	+12/-6	±4	±5.5	±9	±13	±21
18	24	0/-21	0/-33	0/-52	0/-84	0/-130	0/-210	0/-330	+5/-4	+9/-4	+13/-8	±4.5	±6.5	±10	±16	±26
24	30	0/-21	0/-33	0/-52	0/-84	0/-130	0/-210	0/-330	+5/-4	+9/-4	+13/-8	±4.5	±6.5	±10	±16	±26
30	40	0/-25	0/-39	0/-62	0/-100	0/-160	0/-250	0/-390	+6/-5	+11/-5	+15/-10	±5.5	±8	±12	±19	±31
40	50	0/-25	0/-39	0/-62	0/-100	0/-160	0/-250	0/-390	+6/-5	+11/-5	+15/-10	±5.5	±8	±12	±19	±31
50	65	0/-30	0/-46	0/-74	0/-120	0/-190	0/-300	0/-460	+6/-7	+12/-7	+18/-12	±6.5	±9.5	±15	±23	±37
65	80	0/-30	0/-46	0/-74	0/-120	0/-190	0/-300	0/-460	+6/-7	+12/-7	+18/-12	±6.5	±9.5	±15	±23	±37
80	100	0/-35	0/-54	0/-87	0/-140	0/-220	0/-350	0/-540	+6/-9	+13/-9	+20/-15	±7.5	±11	±17	±27	±43
100	120	0/-35	0/-54	0/-87	0/-140	0/-220	0/-350	0/-540	+6/-9	+13/-9	+20/-15	±7.5	±11	±17	±27	±43
120	140	0/-40	0/-63	0/-100	0/-160	0/-250	0/-400	0/-630	+7/-11	+14/-11	+22/-18	±9	±12.5	±20	±31	±50
140	160	0/-40	0/-63	0/-100	0/-160	0/-250	0/-400	0/-630	+7/-11	+14/-11	+22/-18	±9	±12.5	±20	±31	±50
160	180	0/-40	0/-63	0/-100	0/-160	0/-250	0/-400	0/-630	+7/-11	+14/-11	+22/-18	±9	±12.5	±20	±31	±50
180	200	0/-46	0/-72	0/-115	0/-185	0/-290	0/-460	0/-720	+7/-13	+16/-13	+25/-21	±10	±14.5	±23	±36	±57
200	225	0/-46	0/-72	0/-115	0/-185	0/-290	0/-460	0/-720	+7/-13	+16/-13	+25/-21	±10	±14.5	±23	±36	±57
225	250	0/-46	0/-72	0/-115	0/-185	0/-290	0/-460	0/-720	+7/-13	+16/-13	+25/-21	±10	±14.5	±23	±36	±57
250	280	0/-52	0/-81	0/-130	0/-210	0/-320	0/-520	0/-810	+7/-16	±16	±26	±11.5	±16	±26	±40	±65
280	315	0/-52	0/-81	0/-130	0/-210	0/-320	0/-520	0/-810	+7/-16	±16	±26	±11.5	±16	±26	±40	±65
315	355	0/-57	0/-89	0/-140	0/-230	0/-360	0/-570	0/-890	+7/-18	±18	+29/-28	±12.5	±18	±28	±44	±70
355	400	0/-57	0/-89	0/-140	0/-230	0/-360	0/-570	0/-890	+7/-18	±18	+29/-28	±12.5	±18	±28	±44	±70
400	450	0/-63	0/-97	0/-155	0/-250	0/-400	0/-630	0/-970	+7/-20	±20	+31/-32	±13.5	±20	±31	±48	±77
450	500	0/-63	0/-97	0/-155	0/-250	0/-400	0/-630	0/-970	+7/-20	±20	+31/-32	±13.5	±20	±31	±48	±77

续表

公称尺寸/mm		公 差 带														
		js	k			m			n			p			r	
大于	至	10	5*	▲6	7*	5*	6*	7*	5*	▲6	7*	5*	▲6	7*	5*	6*
—	3	±20	+4 / 0	+6 / 0	+10 / 0	+6 / +2	+8 / +2	+12 / +2	+8 / +4	+10 / +4	+14 / +4	+10 / +6	+12 / +6	+16 / +6	+14 / +10	+16 / +10
3	6	±24	+6 / +1	+9 / +1	+13 / +1	+9 / +4	+12 / +4	+16 / +4	+13 / +8	+16 / +8	+20 / +8	+17 / +12	+20 / +12	+24 / +12	+20 / +15	+23 / +15
6	10	±29	+7 / +1	+10 / +1	+16 / +1	+12 / +6	+15 / +6	+21 / +6	+16 / +10	+19 / +10	+25 / +10	+21 / +15	+24 / +15	+30 / +15	+25 / +19	+28 / +19
10	14	±35	+9 / +1	+12 / +1	+19 / +1	+15 / +7	+18 / +7	+25 / +7	+20 / +12	+23 / +12	+30 / +12	+26 / +18	+29 / +18	+36 / +18	+31 / +23	+34 / +23
14	18	±35	+9 / +1	+12 / +1	+19 / +1	+15 / +7	+18 / +7	+25 / +7	+20 / +12	+23 / +12	+30 / +12	+26 / +18	+29 / +18	+36 / +18	+31 / +23	+34 / +23
18	24	±42	+11 / +2	+15 / +2	+23 / +2	+17 / +8	+21 / +8	+29 / +8	+24 / +15	+28 / +15	+36 / +15	+31 / +22	+35 / +22	+43 / +22	+37 / +28	+41 / +28
24	30	±42	+11 / +2	+15 / +2	+23 / +2	+17 / +8	+21 / +8	+29 / +8	+24 / +15	+28 / +15	+36 / +15	+31 / +22	+35 / +22	+43 / +22	+37 / +28	+41 / +28
30	40	±50	+13 / +2	+18 / +2	+27 / +2	+20 / +9	+25 / +9	+34 / +9	+28 / +17	+33 / +17	+42 / +17	+37 / +26	+42 / +26	+51 / +26	+45 / +34	+50 / +34
40	50	±50	+13 / +2	+18 / +2	+27 / +2	+20 / +9	+25 / +9	+34 / +9	+28 / +17	+33 / +17	+42 / +17	+37 / +26	+42 / +26	+51 / +26	+45 / +34	+50 / +34
50	65	±60	+15 / +2	+21 / +2	+32 / +2	+24 / +11	+30 / +11	+41 / +11	+33 / +20	+39 / +20	+50 / +20	+45 / +32	+51 / +32	+62 / +32	+54 / +41	+60 / +41
65	80	±60	+15 / +2	+21 / +2	+32 / +2	+24 / +11	+30 / +11	+41 / +11	+33 / +20	+39 / +20	+50 / +20	+45 / +32	+51 / +32	+62 / +32	+56 / +43	+62 / +43
80	100	±70	+18 / +3	+25 / +3	+38 / +3	+28 / +13	+35 / +13	+48 / +13	+38 / +23	+45 / +23	+58 / +23	+52 / +37	+59 / +37	+72 / +37	+66 / +51	+73 / +51
100	120	±70	+18 / +3	+25 / +3	+38 / +3	+28 / +13	+35 / +13	+48 / +13	+38 / +23	+45 / +23	+58 / +23	+52 / +37	+59 / +37	+72 / +37	+69 / +54	+76 / +54
120	140	±80	+21 / +3	+28 / +3	+43 / +3	+33 / +15	+40 / +15	+55 / +15	+45 / +27	+52 / +27	+67 / +27	+61 / +43	+68 / +43	+83 / +43	+81 / +63	+88 / +63
140	160	±80	+21 / +3	+28 / +3	+43 / +3	+33 / +15	+40 / +15	+55 / +15	+45 / +27	+52 / +27	+67 / +27	+61 / +43	+68 / +43	+83 / +43	+83 / +65	+90 / +65
160	180	±80	+21 / +3	+28 / +3	+43 / +3	+33 / +15	+40 / +15	+55 / +15	+45 / +27	+52 / +27	+67 / +27	+61 / +43	+68 / +43	+83 / +43	+86 / +68	+93 / +68
180	200	±92	+24 / +4	+33 / +4	+50 / +4	+37 / +17	+46 / +17	+63 / +17	+51 / +31	+60 / +31	+77 / +31	+70 / +50	+79 / +50	+96 / +50	+97 / +77	+106 / +77
200	225	±92	+24 / +4	+33 / +4	+50 / +4	+37 / +17	+46 / +17	+63 / +17	+51 / +31	+60 / +31	+77 / +31	+70 / +50	+79 / +50	+96 / +50	+100 / +80	+109 / +80
225	250	±92	+24 / +4	+33 / +4	+50 / +4	+37 / +17	+46 / +17	+63 / +17	+51 / +31	+60 / +31	+77 / +31	+70 / +50	+79 / +50	+96 / +50	+104 / +84	+113 / +84
250	280	±105	+27 / +4	+36 / +4	+56 / +4	+43 / +20	+52 / +20	+72 / +20	+57 / +34	+66 / +34	+86 / +34	+79 / +56	+88 / +56	+108 / +56	+117 / +94	+126 / +94
280	315	±105	+27 / +4	+36 / +4	+56 / +4	+43 / +20	+52 / +20	+72 / +20	+57 / +34	+66 / +34	+86 / +34	+79 / +56	+88 / +56	+108 / +56	+121 / +98	+130 / +98
315	355	±115	+29 / +4	+40 / +4	+61 / +4	+46 / +21	+57 / +21	+78 / +21	+62 / +37	+73 / +37	+94 / +37	+87 / +62	+98 / +62	+119 / +62	+133 / +108	+144 / +108
355	400	±115	+29 / +4	+40 / +4	+61 / +4	+46 / +21	+57 / +21	+78 / +21	+62 / +37	+73 / +37	+94 / +37	+87 / +62	+98 / +62	+119 / +62	+139 / +114	+150 / +114
400	450	±125	+32 / +5	+45 / +5	+68 / +5	+50 / +23	+63 / +23	+86 / +23	+67 / +40	+80 / +40	+103 / +40	+95 / +68	+108 / +68	+131 / +68	+153 / +126	+166 / +126
450	500	±125	+32 / +5	+45 / +5	+68 / +5	+50 / +23	+63 / +23	+86 / +23	+67 / +40	+80 / +40	+103 / +40	+95 / +68	+108 / +68	+131 / +68	+159 / +132	+172 / +132

公称尺寸/mm		公差带														
		r	s	s	s	t	t	t	u	u	u	u	v	x	y	z
大于	至	7*	5*	▲6	7*	5*	6*	7*	5	▲6	7*	8	6*	6*	6*	6*
—	3	+20 / +10	+18 / +14	+20 / +14	+24 / +14	—	—	—	+22 / +18	+24 / +18	+28 / +18	+32 / +18	—	+26 / +20	—	+32 / +26
3	6	+27 / +15	+24 / +19	+27 / +19	+31 / +19	—	—	—	+28 / +23	+31 / +23	+35 / +23	+41 / +23	—	+36 / +28	—	+43 / +35
6	10	+34 / +19	+29 / +23	+32 / +23	+38 / +23	—	—	—	+34 / +28	+37 / +28	+43 / +28	+50 / +28	—	+43 / +34	—	+51 / +42
10	14	+41 / +23	+36 / +28	+39 / +28	+46 / +28	—	—	—	+41 / +33	+44 / +33	+51 / +33	+60 / +33	—	+51 / +40	—	+61 / +50
14	18	+41 / +23	+36 / +28	+39 / +28	+46 / +28	—	—	—	+41 / +33	+44 / +33	+51 / +33	+60 / +33	+50 / +39	+56 / +45	—	+71 / +60
18	24	+49 / +28	+44 / +35	+48 / +35	+56 / +35	—	—	—	+50 / +41	+54 / +41	+62 / +41	+74 / +41	+60 / +47	+67 / +54	+76 / +63	+86 / +73
24	30	+49 / +28	+44 / +35	+48 / +35	+56 / +35	+50 / +41	+54 / +41	+62 / +41	+57 / +48	+61 / +48	+69 / +48	+81 / +48	+68 / +55	+77 / +64	+88 / +75	+101 / +88
30	40	+59 / +34	+54 / +43	+59 / +43	+68 / +43	+59 / +48	+64 / +48	+73 / +48	+71 / +60	+76 / +60	+85 / +60	+99 / +60	+84 / +68	+96 / +80	+110 / +94	+128 / +112
40	50	+59 / +34	+54 / +43	+59 / +43	+68 / +43	+65 / +54	+70 / +54	+79 / +54	+81 / +70	+86 / +70	+95 / +70	+109 / +70	+97 / +81	+113 / +97	+130 / +114	+152 / +136
50	65	+71 / +41	+66 / +53	+72 / +53	+83 / +53	+79 / +66	+85 / +66	+96 / +66	+100 / +87	+106 / +87	+117 / +87	+133 / +87	+121 / +102	+141 / +122	+163 / +144	+191 / +172
65	80	+72 / +43	+72 / +59	+78 / +59	+89 / +59	+88 / +75	+94 / +75	+105 / +75	+115 / +102	+121 / +102	+132 / +102	+148 / +102	+139 / +120	+165 / +146	+193 / +174	+229 / +210
80	100	+86 / +51	+86 / +71	+93 / +71	+106 / +71	+106 / +91	+113 / +91	+126 / +91	+139 / +124	+146 / +124	+159 / +124	+178 / +124	+168 / +146	+200 / +178	+236 / +214	+280 / +258
100	120	+89 / +54	+94 / +79	+101 / +79	+114 / +79	+119 / +104	+126 / +104	+139 / +104	+159 / +144	+166 / +144	+179 / +144	+198 / +144	+194 / +172	+232 / +210	+276 / +254	+332 / +310
120	140	+103 / +63	+110 / +92	+117 / +92	+132 / +92	+140 / +122	+147 / +122	+162 / +122	+188 / +170	+195 / +170	+210 / +170	+233 / +170	+227 / +202	+273 / +248	+325 / +300	+390 / +365
140	160	+105 / +65	+118 / +100	+125 / +100	+140 / +100	+152 / +134	+159 / +134	+174 / +134	+208 / +190	+215 / +190	+230 / +190	+253 / +190	+253 / +228	+305 / +280	+365 / +340	+440 / +415
160	180	+108 / +68	+126 / +108	+133 / +108	+148 / +108	+164 / +146	+171 / +146	+186 / +146	+228 / +210	+235 / +210	+250 / +210	+273 / +210	+277 / +252	+335 / +310	+405 / +380	+490 / +465
180	200	+123 / +77	+142 / +122	+151 / +122	+168 / +122	+186 / +166	+195 / +166	+212 / +166	+256 / +236	+265 / +236	+282 / +236	+308 / +236	+313 / +284	+379 / +350	+454 / +425	+549 / +520
200	225	+126 / +80	+150 / +130	+159 / +130	+176 / +130	+200 / +180	+209 / +180	+226 / +180	+278 / +258	+287 / +258	+304 / +258	+330 / +258	+339 / +310	+414 / +385	+499 / +470	+604 / +575
225	250	+130 / +84	+160 / +140	+169 / +140	+186 / +140	+216 / +196	+225 / +196	+242 / +196	+304 / +284	+313 / +284	+330 / +284	+356 / +284	+369 / +340	+454 / +425	+549 / +520	+669 / +640
250	280	+146 / +94	+181 / +158	+190 / +158	+210 / +158	+241 / +218	+250 / +218	+270 / +218	+338 / +315	+347 / +315	+367 / +315	+396 / +315	+417 / +385	+507 / +475	+612 / +580	+742 / +710
280	315	+150 / +98	+193 / +170	+202 / +170	+222 / +170	+263 / +240	+272 / +240	+292 / +240	+373 / +350	+382 / +350	+402 / +350	+431 / +350	+457 / +425	+557 / +525	+682 / +650	+822 / +790
315	355	+165 / +108	+215 / +190	+226 / +190	+247 / +190	+293 / +268	+304 / +268	+325 / +268	+415 / +390	+426 / +390	+447 / +390	+479 / +390	+511 / +475	+626 / +590	+766 / +730	+936 / +900
355	400	+171 / +114	+233 / +208	+244 / +208	+265 / +208	+319 / +294	+330 / +294	+351 / +294	+460 / +435	+471 / +435	+492 / +435	+524 / +435	+566 / +530	+696 / +660	+850 / +820	+1 036 / +1 000
400	450	+189 / +126	+259 / +232	+272 / +232	+295 / +232	+357 / +330	+370 / +330	+393 / +330	+517 / +490	+530 / +490	+553 / +490	+587 / +490	+635 / +595	+780 / +740	+960 / +920	+1 140 / +1 100
450	500	+195 / +132	+279 / +252	+292 / +252	+315 / +252	+387 / +360	+400 / +360	+423 / +360	+567 / +540	+580 / +540	+603 / +540	+637 / +540	+700 / +660	+860 / +820	+1 040 / +1 000	+1 290 / +1 250

注：1. 公称尺寸小于 1 mm 时，各级的 a 和 b 均不采用。
2. ▲为优先公差带，*为常用公差带，其余为一般用途公差带。

表 G-3 孔的极限偏差（GB/T 1800.1—2009 摘录）　　　　μm

公称尺寸 /mm		A	B		C			D					E			F
大于	至	11*	11*	12*	10	▲11	12	7	8*	▲9	10*	11*	8*	9*	10	6*
—	3	+330/+270	+200/+140	+240/+140	+100/+60	+120/+60	+160/+60	+30/+20	+34/+20	+45/+20	+60/+20	+80/+20	+28/+14	+39/+14	+54/+14	+12/+6
3	6	+345/+270	+215/+140	+260/+140	+118/+70	+145/+70	+190/+70	+42/+30	+48/+30	+60/+30	+78/+30	+105/+30	+38/+20	+50/+20	+68/+20	+18/+10
6	10	+370/+280	+240/+150	+300/+150	+138/+80	+170/+80	+230/+80	+55/+40	+62/+40	+76/+40	+98/+40	+130/+40	+47/+25	+61/+25	+83/+25	+22/+13
10	14	+400/+290	+260/+150	+330/+150	+165/+95	+205/+95	+275/+95	+68/+50	+77/+50	+93/+50	+120/+50	+160/+50	+59/+32	+75/+32	+102/+32	+27/+16
14	18	+400/+290	+260/+150	+330/+150	+165/+95	+205/+95	+275/+95	+68/+50	+77/+50	+93/+50	+120/+50	+160/+50	+59/+32	+75/+32	+102/+32	+27/+16
18	24	+430/+300	+290/+160	+370/+160	+194/+110	+240/+110	+320/+110	+86/+65	+98/+65	+117/+65	+149/+65	+195/+65	+73/+40	+92/+40	+124/+40	+33/+20
24	30	+430/+300	+290/+160	+370/+160	+194/+110	+240/+110	+320/+110	+86/+65	+98/+65	+117/+65	+149/+65	+195/+65	+73/+40	+92/+40	+124/+40	+33/+20
30	40	+470/+310	+330/+170	+420/+170	+220/+120	+280/+120	+370/+120	+105/+80	+119/+80	+142/+80	+180/+80	+240/+80	+89/+50	+112/+50	+150/+50	+41/+25
40	50	+480/+320	+340/+180	+430/+180	+230/+130	+290/+130	+380/+130	+105/+80	+119/+80	+142/+80	+180/+80	+240/+80	+89/+50	+112/+50	+150/+50	+41/+25
50	65	+530/+340	+380/+190	+490/+190	+260/+140	+330/+140	+440/+140	+130/+100	+146/+100	+174/+100	+220/+100	+290/+100	+106/+60	+134/+60	+180/+60	+49/+30
65	80	+550/+360	+390/+200	+500/+200	+270/+150	+340/+150	+450/+150	+130/+100	+146/+100	+174/+100	+220/+100	+290/+100	+106/+60	+134/+60	+180/+60	+49/+30
80	100	+600/+380	+440/+220	+570/+220	+310/+170	+390/+170	+520/+170	+155/+120	+174/+120	+207/+120	+260/+120	+340/+120	+126/+72	+159/+72	+212/+72	+58/+36
100	120	+630/+410	+460/+240	+590/+240	+320/+180	+400/+180	+530/+180	+155/+120	+174/+120	+207/+120	+260/+120	+340/+120	+126/+72	+159/+72	+212/+72	+58/+36
120	140	+710/+460	+510/+260	+660/+260	+360/+200	+450/+200	+600/+200	+185/+145	+208/+145	+245/+145	+305/+145	+395/+145	+148/+85	+185/+85	+245/+85	+68/+43
140	160	+770/+520	+530/+280	+680/+280	+370/+210	+460/+210	+610/+210	+185/+145	+208/+145	+245/+145	+305/+145	+395/+145	+148/+85	+185/+85	+245/+85	+68/+43
160	180	+830/+580	+560/+310	+710/+310	+390/+230	+480/+230	+630/+230	+185/+145	+208/+145	+245/+145	+305/+145	+395/+145	+148/+85	+185/+85	+245/+85	+68/+43
180	200	+950/+660	+630/+340	+800/+340	+425/+240	+530/+240	+700/+240	+216/+170	+242/+170	+285/+170	+355/+170	+460/+170	+172/+100	+215/+100	+285/+100	+79/+50
200	225	+1 030/+740	+670/+380	+840/+380	+445/+260	+550/+260	+720/+260	+216/+170	+242/+170	+285/+170	+355/+170	+460/+170	+172/+100	+215/+100	+285/+100	+79/+50
225	250	+1 110/+820	+710/+420	+880/+420	+465/+280	+570/+280	+740/+280	+216/+170	+242/+170	+285/+170	+355/+170	+460/+170	+172/+100	+215/+100	+285/+100	+79/+50
250	280	+1 240/+920	+800/+480	+1 000/+480	+510/+300	+620/+300	+820/+300	+242/+190	+271/+190	+320/+190	+400/+190	+510/+190	+191/+110	+240/+110	+320/+110	+88/+56
280	315	+1 370/+1 050	+860/+540	+1 060/+540	+540/+330	+650/+330	+850/+330	+242/+190	+271/+190	+320/+190	+400/+190	+510/+190	+191/+110	+240/+110	+320/+110	+88/+56
315	355	+1 560/+1 200	+960/+600	+1 170/+600	+590/+360	+720/+360	+930/+360	+267/+210	+299/+210	+350/+210	+440/+210	+570/+210	+214/+125	+265/+125	+355/+125	+98/+62
355	400	+1 710/+1 350	+1 040/+680	+1 250/+680	+630/+400	+760/+400	+970/+400	+267/+210	+299/+210	+350/+210	+440/+210	+570/+210	+214/+125	+265/+125	+355/+125	+98/+62
400	450	+1 900/+1 500	+1 160/+760	+1 390/+760	+690/+440	+840/+440	+1 070/+440	+293/+230	+327/+230	+385/+230	+480/+230	+630/+230	+232/+135	+290/+135	+385/+135	+108/+68
450	500	+2 050/+1 650	+1 240/+840	+1 470/+840	+730/+480	+880/+480	+1 110/+480	+293/+230	+327/+230	+385/+230	+480/+230	+630/+230	+232/+135	+290/+135	+385/+135	+108/+68

续表

| 公称尺寸/mm | | 公差带 | | | | | | | | | | | | | |
| | | F | | | G | | | H | | | | | | | |
大于	至	7*	▲8	9*	5	6*	▲7	5	6*	▲7	▲8	▲9	10*	▲11	12*	13
—	3	+16 +6	+20 +6	+31 +6	+6 +2	+8 +2	+12 +2	+4 0	+6 0	+10 0	+14 0	+25 0	+40 0	+60 0	+100 0	+140 0
3	6	+22 +10	+28 +10	+40 +10	+9 +4	+12 +4	+16 +4	+5 0	+8 0	+12 0	+18 0	+30 0	+48 0	+75 0	+120 0	+180 0
6	10	+28 +13	+35 +13	+49 +13	+11 +5	+14 +5	+20 +5	+6 0	+9 0	+15 0	+22 0	+36 0	+58 0	+90 0	+150 0	+220 0
10	14	+34 +16	+43 +16	+59 +16	+14 +6	+17 +6	+24 +6	+8 0	+11 0	+18 0	+27 0	+43 0	+70 0	+110 0	+180 0	+270 0
14	18															
18	24	+41 +20	+53 +20	+72 +20	+16 +7	+20 +7	+28 +7	+9 0	+13 0	+21 0	+33 0	+52 0	+84 0	+130 0	+210 0	+330 0
24	30															
30	40	+50 +25	+64 +25	+87 +25	+20 +9	+25 +9	+34 +9	+11 0	+16 0	+25 0	+39 0	+62 0	+100 0	+160 0	+250 0	+390 0
40	50															
50	65	+60 +30	+76 +30	+104 +30	+23 +10	+29 +10	+40 +10	+13 0	+19 0	+30 0	+46 0	+74 0	+120 0	+190 0	+300 0	+460 0
65	80															
80	100	+71 +36	+90 +36	+123 +36	+27 +12	+34 +12	+47 +12	+15 0	+22 0	+35 0	+54 0	+87 0	+140 0	+220 0	+350 0	+540 0
100	120															
120	140	+83 +43	+106 +43	+143 +43	+32 +14	+39 +14	+54 +14	+18 0	+25 0	+40 0	+63 0	+100 0	+160 0	+250 0	+400 0	+630 0
140	160															
160	180															
180	200	+96 +50	+122 +50	+165 +50	+35 +15	+44 +15	+61 +15	+20 0	+29 0	+46 0	+72 0	+115 0	+185 0	+290 0	+460 0	+720 0
200	225															
225	250															
250	280	+108 +56	+137 +56	+186 +56	+40 +17	+49 +17	+69 +17	+23 0	+32 0	+52 0	+81 0	+130 0	+210 0	+320 0	+520 0	+810 0
280	315															
315	355	+119 +62	+151 +62	+202 +62	+43 +18	+54 +18	+75 +18	+25 0	+36 0	+57 0	+89 0	+140 0	+230 0	+360 0	+570 0	+890 0
355	400															
400	450	+131 +68	+165 +68	+223 +68	+47 +20	+60 +20	+83 +20	+27 0	+40 0	+63 0	+97 0	+155 0	+250 0	+400 0	+630 0	+970 0
450	500															

公称尺寸/mm		公差带														
		J			JS						K			M		
大于	至	6	7	8	5	6*	7*	8*	9	10	6*	▲7	8*	6*	7*	8*
—	3	+2 −4	+4 −6	+6 −8	±2	±3	±5	±7	±12	±20	0 −6	0 −10	0 −14	−2 −8	−2 −12	−2 −16
3	6	+5 −3	±6	+10 −8	±2.5	±4	±6	±9	±15	±24	+2 −6	+3 −9	+5 −13	−1 −9	0 −12	+2 −16
6	10	+5 −4	+8 −7	+12 −10	±3	±4.5	±7	±11	±18	±29	+2 −7	+5 −10	+6 −16	−3 −12	0 −15	+1 −21
10	14	+6 −5	+10 −8	+15 −12	±4	±5.5	±9	±13	±21	±36	+2 −9	+6 −12	+8 −19	−4 −15	0 −18	+2 −25
14	18															
18	24	+8 −5	+12 −9	+20 −13	±4.5	±6.5	±10	±16	±26	±42	+2 −11	+6 −15	+10 −23	−4 −17	0 −21	+4 −29
24	30															
30	40	+10 −6	+14 −11	+24 −15	±5.5	±8	±12	±19	±31	±50	+3 −13	+7 −18	+12 −27	−4 −20	0 −25	+5 −34
40	50															
50	65	+13 −6	+18 −12	+28 −18	±6.5	±9.5	±15	±23	±37	±60	+4 −15	+9 −21	+14 −32	−5 −24	0 −30	+5 −41
65	80															
80	100	+16 −6	+22 −13	+34 −20	±7.5	±11	±17	±27	±43	±70	+4 −18	+10 −25	+16 −38	−6 −28	0 −35	+6 −48
100	120															
120	140	+18 −7	+26 −14	+41 −22	±9	±12.5	±20	±31	±50	±80	+4 −21	+12 −28	+20 −43	−8 −33	0 −40	+8 −55
140	160															
160	180															
180	200	+22 −7	+30 −16	+47 −25	±10	±14.5	±23	±36	±57	±92	+5 −24	+13 −33	+22 −50	−8 −37	0 −46	+9 −63
200	225															
225	250															
250	280	+25 −7	+36 −16	+55 −26	±11.5	±16	±26	±40	±65	±105	+5 −27	+16 −36	+25 −56	−9 −41	0 −52	+9 −72
280	315															
315	355	+29 −7	+39 −18	+60 −29	±12.5	±18	±28	±44	±70	+115	+7 −29	+17 −40	+28 −61	−10 −46	0 −57	+11 −78
355	400															
400	450	+33 −7	+43 −20	+66 −31	±13.5	±20	±31	±48	±77	±125	+8 −32	+18 −45	+29 −68	−10 −50	0 −63	+11 −86
450	500															

续表

公称尺寸/mm		公差带															
		N			P				R			S		T		U
大于	至	6*	▲7	8*	6*	▲7	8	9	6*	7*	8	6*	▲7	6*	7*	▲7
—	3	-4 / -10	-4 / -14	-4 / -18	-6 / -12	-6 / -16	-6 / -20	-6 / -31	-10 / -16	-10 / -20	-10 / -24	-14 / -20	-14 / -24	—	—	-18 / -28
3	6	-5 / -13	-4 / -16	-2 / -20	-9 / -17	-8 / -20	-12 / -30	-12 / -42	-12 / -20	-11 / -23	-15 / -33	-16 / -24	-15 / -27	—	—	-19 / -31
6	10	-7 / -16	-4 / -19	-3 / -25	-12 / -21	-9 / -24	-15 / -37	-15 / -51	-16 / -25	-13 / -28	-19 / -41	-20 / -29	-17 / -32	—	—	-22 / -37
10	14	-9 / -20	-5 / -23	-3 / -30	-15 / -26	-11 / -29	-18 / -45	-18 / -61	-20 / -31	-16 / -34	-23 / -50	-25 / -36	-21 / -39	—	—	-26 / -44
14	18															-26 / -44
18	24	-11 / -24	-7 / -28	-3 / -36	-18 / -31	-14 / -35	-22 / -55	-22 / -74	-24 / -37	-20 / -41	-28 / -61	-31 / -44	-27 / -48	—	—	-33 / -54
24	30													-37 / -50	-33 / -54	-40 / 61
30	40	-12 / -28	-8 / -33	-3 / -42	-21 / -37	-17 / -42	-26 / -65	-26 / -88	-29 / -45	-25 / -50	-34 / -73	-38 / -54	-34 / -59	-43 / -59	-39 / -64	-51 / -76
40	50													-49 / -65	-45 / -70	-61 / -86
50	65	-14 / -33	-9 / -39	-4 / -50	-26 / -45	-21 / -51	-32 / -78	-32 / -106	-35 / -54	-30 / -60	-41 / -87	-47 / -66	-42 / -72	-60 / -79	-55 / -85	-76 / -106
65	80								-37 / -56	-32 / -62	-43 / -89	-53 / -72	-48 / -78	-69 / -88	-64 / -94	-91 / -121
80	100	-16 / -38	-10 / -45	-4 / -58	-30 / -52	-24 / -59	-37 / -91	-37 / -124	-44 / -66	-38 / -73	-51 / -105	-64 / -86	-58 / -93	-84 / -106	-78 / -113	-111 / -146
100	120								-47 / -69	-41 / -76	-54 / -108	-72 / -94	-66 / -101	-97 / -119	-91 / -126	-131 / -166
120	140	-20 / -45	-12 / -52	-4 / -67	-36 / -61	-28 / -68	-43 / -106	-43 / -143	-56 / -81	-48 / -88	-63 / -126	-85 / -110	-77 / -117	-115 / -140	-107 / -147	-155 / -195
140	160								-58 / -83	-50 / -90	-65 / -128	-93 / -118	-85 / -125	-127 / -152	-119 / -159	-175 / -215
160	180								-61 / -86	-53 / -93	-68 / -131	-101 / -126	-93 / -133	-139 / -164	-131 / -171	-195 / -235
180	200	-22 / -51	-14 / -60	-5 / -77	-41 / -70	-33 / -79	-50 / -122	-50 / -165	-68 / -97	-60 / -106	-77 / -149	-113 / -142	-105 / -151	-157 / -186	-149 / -195	-219 / -265
200	225								-71 / -100	-63 / -109	-80 / -152	-121 / -150	-113 / -159	-171 / -200	-163 / -209	-241 / -287
225	250								-75 / -104	-67 / -113	-84 / -156	-131 / -160	-123 / -169	-187 / -216	-179 / -225	-267 / -313
250	280	-25 / -57	-14 / -66	-5 / -86	-47 / -79	-36 / -88	-56 / -137	-56 / -186	-85 / -117	-74 / -126	-94 / -175	-149 / -181	-138 / -190	-209 / -241	-198 / -250	-295 / -347
280	315								-89 / -121	-78 / -130	-98 / -179	-161 / -193	-150 / -202	-231 / -263	-220 / -272	-330 / -382
315	355	-26 / -62	-16 / -73	-5 / -94	-51 / -87	-41 / -98	-62 / -151	-62 / -202	-97 / -133	-87 / -144	-108 / -197	-179 / -215	-169 / -226	-257 / -293	-247 / -304	-369 / -426
355	400								-103 / -139	-93 / -150	-114 / 203	-197 / -233	-187 / -244	-283 / -319	-273 / -330	-414 / -471
400	450	-27 / -67	-17 / -80	-6 / -103	-55 / -95	-45 / -108	-68 / -165	-68 / -223	-113 / -153	-103 / -166	-126 / -223	-219 / -259	-209 / -272	-317 / -357	-307 / -370	-467 / -530
450	500								-119 / -159	-109 / -172	-132 / -229	-239 / -279	-229 / -292	-347 / -387	-337 / -400	-517 / -580

注：1. 公称尺寸小于 1 mm 时，各级的 A 和 B 均不采用；
   2. ▲为优先公差带，* 为常用公差带，其余为一般用途公差带。